ハードウエア セキュリティ

IoT機器を サイバー攻撃から守る

In the IoT era Introduction to Information security

植村泰佳
UEMURA YASUYOSHI

幻冬舎MC

はじめに

　企業の情報セキュリティは新たな局面を迎えています。

　これまで、企業の情報セキュリティを脅かしてきたのは、サーバーを経由してシステムに侵入するものでした。代表的なものとしては、ウイルス、ワーム、トロイの木馬などのマルウエアが挙げられます。これらのマルウエアはサーバーを介してシステムに侵入し、データを盗んだりシステムを破壊したりします。また、ランサムウエアも同様に侵入し、ネットワーク内のデータを暗号化し、その後身代金を要求します。これらの脅威を防ぐために企業の情報セキュリティ責任者は、社内サーバーや社員が使用するパソコンのセキュリティを強固にする対策を講じてきました。具体的には、ファイアウォールや侵入検知システム（IDS）、侵入防止システム（IPS）などのセキュリティツールの導入、定期的なパッチ適用、強力な認証およびアクセス管理の実施などで、これらはいわゆるソフトウエアセキュリティに該当します。

　しかし、IoTの進展に伴い、ソフトウエアセキュリティを強化するだけでは十分とはいえなくなっています。社内のサーバーやパソコンといった従来のIT機器以外のさまざまなものがインターネットとつながる機能を備えたことで、それを悪用してサーバーを経由せずに直接ネットワークに侵入することが可能になったからです。例えば精密機器の中に組み込まれるセンサーデバイス、商品につけるICタグや物流のトラッキングデバイスなど、インターネットとつながるものは多岐にわたります。そのため、これらの情報デバイスに対して、個別に対策を講じなければなりません。

実際、これらの情報デバイスのセキュリティが脆弱だったために、攻撃を受けたというケースが増えています。製造業におけるセンサーデバイスが攻撃されて製品の製造を中止したり、物流業におけるトラッキングデバイスが攻撃されて個人情報や機密情報が流出したりすることになれば、企業が被る損害は計りしれません。

　企業は、サーバーを経由するソフトウエアのセキュリティのみならず、サーバーを経由しないハードウエアのセキュリティをも強化することが求められているのです。

　私が企業の情報セキュリティに携わるようになったのは、大学卒業後に入社したサッポロビールにおいてです。在職中に都市開発計画「サッポロファクトリー」の開業プロジェクトに参画し、ICカードの実用化を担当したのが最初です。サッポロビールを1994年に退社してからは、同社で関わったICカードのセキュリティ技術を専門として活動しています。その後、民間企業や研究機関とともに高機能暗号の研究開発を行ったのちに新たな会社を設立しました。現在はIoT末端機器（エンドポイント）などを守るセキュア暗号ユニットを中心に、ハードウエアセキュリティを高めるソリューションをさまざまな企業に提供しています。

　その経験のなかで強く感じたのは、今後、IoTがますます進展し、ハードウエアセキュリティの脅威が増大するのにもかかわらず、その危機意識が低い企業が多いということです。ソフトウエアのセキュリティ対策が取られる一方で、ハードウエアの危険性が経営者や情報セキュリティ責任者の間でほとんど認知されていないのです。

そこで本書では、企業における情報セキュリティの現状に触れながら、IoTの進展に伴って新たな局面を迎えた情報セキュリティに関してどういう考え方を持つべきか、ハードウエアの脅威とは具体的にどんなことなのかを解説します。そのうえで企業がハードウエアを安全に保つために必要な考え方や具体策を提示していきます。

　この本によって、ハードウエアセキュリティへの理解が促進され、日本企業のセキュリティレベルが高まり、情報漏洩や不正アクセス、データ改竄などの問題でダメージを受ける企業を減らす手助けになれば幸いです。

もくじ

はじめに　3

第1章　企業の情報セキュリティが脅かされている
　　　　甚大な被害を受けた事例は枚挙にいとまがない

無防備なセキュリティが会社をつぶす　12
　トヨタ自動車のサプライヤー 14 工場を止める　12
　富士通ロードバランサー機器に対する不正アクセス　13
　情報漏洩が企業に与える影響　14

個人情報が危機にさらされている　16
　ある大学生の悲劇　16
　身近に危険が潜んでいる　19
　個人情報はどのように悪用されるのか？　21
　サイバー犯罪の被害状況と事例　23

甚大な影響を及ぼす社会インフラへの攻撃　24
　コロニアル・パイプライン事件　24
　韓国テレビ局事件　26
　スタクスネット事件　27
　医療機関を狙った攻撃　29

脆弱なハードウエアセキュリティ　31

第2章　IoTの進展に伴いリスクは増大する一方
　　　　サイバー攻撃からIoT機器を守る
　　　　ハードウエアセキュリティとは

2.1　IoT時代がやってきた　34

2.2　ハードウエアが危ない　38

2.3　「パソコンを使っていないから関係ない」は間違い　41

2.4	家電製品がインターネットにつながる	43
2.5	工場の制御機器がインターネットにつながる	44
2.6	医療・健康機器がインターネットにつながる	46
2.7	複雑な機械の内部部品への暗号実装	48
2.8	暗号機能のハードウエア実装	49

第3章 情報セキュリティの要は「暗号機能」への理解
良質の暗号モジュールをつくることが
ハードウエアを守るための基本

3.1	共通鍵暗号と公開鍵暗号	54
3.2	暗号のハードウエア実装	58
3.3	SCUの開発	63
3.4	SCU搭載チップの開発	69
3.5	SCUの社会実装〜「セキュリティアダプター」を基幹とするシステムの開発	76
	セキュリティアダプターを用いたシステムの考え方	77

第4章 IoT時代に求められる「暗号」防衛術
ハードウエアの脆弱性とソリューション

4.1	「ハードウエアへの攻撃」、その歴史と風土	84
4.2	物理攻撃	87
4.3	サイドチャネル攻撃	89
4.4	故障注入攻撃、撹乱攻撃	91
4.5	その他の攻撃手法	93
4.6	トロイの木馬	94
4.7	半導体設計過程での不正混入	95

4.8	半導体製造過程での不正混入	100
4.9	ソフトウエアダウンロード過程での不正混入	102
4.10	組込機器への不正混入	104

第5章　新たな技術の導入には新たな備えが不可欠
　　　　情報セキュリティの進化なくして企業の成長はない

5.1	ヒズボラ事案のfact	108
5.2	想定される仮説	109
5.3	Kプロ/ハードウエアの不正機能排除研究テーマ3 （ソフトウエアダウンロードのフェーズ）との接点	111
5.4	Kプロ/ハードウエアの不正機能排除研究テーマ4-1 （HT検知システムの開発）との接点	113
5.5	Kプロ/ハードウエアの不正機能排除研究テーマ4-2 （電子機器・半導体チップの個体管理）との接点	115
5.6	HT排除のためのセキュリティ保証体制	116
	5.6.1　評価/認証すべき項目の概要	116
	5.6.2　評価方法論	117
5.7	「攻撃精度の低い」「汎社会的な」サイバー攻撃について	118

第6章　セキュリティ保証の体制と技術

6.1	情報セキュリティ保証〜その作法	122
6.2	情報セキュリティ第三者評価認証の考え方	127
6.3	ISO/IEC15408 (Common Criteria)	130
6.4	CCの功罪	135
6.5	SESIP民間認証 (Global Platform)	138
6.6	Arm PSA	139
6.7	CMVPあるいはISO/IEC19790	141

6.8　ISA/IEC62443 ほか　　143

第 7 章　結びに代えて

7.1　これまでの要約　　146
7.2　研究成果の社会実装　　148
　研究項目〔1-1〕半導体設計 IP 検証　　151
　研究項目〔1-2〕チップ設計検証　　152
　研究項目〔1-3〕最先端攻撃・攻撃対抗技術　　153
　研究項目〔1-4〕セキュリティ仕様への適合性検証　　153
　研究項目〔2-1〕半導体設計データ管理　　154
　研究項目〔2-2〕半導体解析による検証　　155
　研究項目〔3-1〕ソフトウエア組込段階でのセキュリティ
　　　　　　　　　要求仕様と検証技術　　156
　研究項目〔4-1〕不正部品混入検知　　157
　研究項目〔4-2〕個体 ID 管理　　158
7.3　セキュリティ保証体制の構築と展開　　159
　研究項目〔1-1〕半導体設計 IP 検証　　159
　研究項目〔1-2〕チップ設計検証　　160
　研究項目〔1-3〕最先端攻撃・攻撃対抗技術　　161
　研究項目〔1-4〕セキュリティ仕様への適合性検証　　161
　研究項目〔2-1〕半導体設計データ管理　　162
　研究項目〔2-2〕半導体解析による検証　　163
　研究項目〔3-1〕ソフトウエア組込段階でのセキュリティ
　　　　　　　　　要求仕様と検証技術　　163
　研究項目〔4-1〕不正部品混入検知　　164
　研究項目〔4-2〕個体 ID 管理　　164
7.4　我が国の半導体政策について　　166

謝辞　　172

[第1章]

企業の情報セキュリティが脅かされている甚大な被害を受けた事例は枚挙にいとまがない

無防備なセキュリティが会社をつぶす

トヨタ自動車のサプライヤー 14工場を止める

　2022年2月28日、トヨタ自動車は日本国内の全14工場の稼働を停止することを発表した。日本で年間約265万台(2022年)、1日1万台強を生産している企業の工場停止の影響は子会社の日野自動車やダイハツ工業にも及び、両者の工場も稼働停止に追い込まれるなど、重大な事態に発展した。

　その原因は、トヨタ自動車のサプライヤーである「小島プレス工業」が受けたサイバー攻撃だ。トヨタが工場停止を発表する2日前、2022年2月26日にランサムウエアと呼ばれるマルウエア(悪意のあるソフトウエア)による不正アクセスを受け、業務に不可欠な部品の受発注システムが使用不可能になった。小島プレス工業は愛知県豊田市で自動車の樹脂部品を製造している会社で、トヨタ自動車に直接部品を納入する「一次取引先」であったためにその影響が大きく、トヨタ本体の生産も止めざるを得なくなったのだ。

　ランサムウエアはコンピュータのデータを暗号化して使用不能にするもので、感染するとファイルが開けなくなり、コンピュータがロックされてしまうことになる。犯人はその解除のために身代金(ランサム)を要求し、身代金を払うとロックが解除される場合もあるが、さらなる条件を突きつけられたりアクセスされた機密データが流出したりすることもある。

　小島プレス工業のケースでは、犯人からの身代金要求の連絡があったものの、同社は身代金の支払いに応じなかった。

一方ですぐにネットワークを遮断するなど、その後の対応も適切だった。暫定的な受発注システムを迅速に構築、3月2日からは稼働を再開することができた。

データの漏洩などによる被害は報告されなかったが、このセキュリティ攻撃が与えた影響は甚大で、販売・生産データを基にコストを試算すると、約3億7500万ドル（2025年2月現在の為替レートで約561億円）に上る。さらに、応急措置は1日で終わったものの、小島プレス工業の事業が以前に近い状態に戻るまでに数カ月を要した。

富士通ロードバランサー機器に対する不正アクセス

2022年に行われた富士通のクラウドサービスFJcloudへの不正アクセスは、「ロードバランサー」と呼ばれる機器への攻撃によって発生した。ロードバランサーとは、サーバーにかかる負荷を振り分けるための装置であり、複数台のサーバーがある環境でタスクを効率よく処理できるよう管理する装置である。

富士通の調査によれば、この不正アクセスは2022年5月7日から5月11日までに行われており、その間、サーバー利用者のアクセス情報や通信した情報の窃取が可能な状態にあり、さらに利用者のデジタル証明書の窃取もできる状態にあった。デジタル証明書には、所有者の名前、メールアドレス、公開鍵などが含まれており、この証明書により、ウェブサイトやオンラインサービスはユーザーの身元を暗号化する。したがって、デジタル証明書が盗まれると、ユーザーを偽ったり、暗号化された重要なデータを窃取したりすること

が可能になる。実際にロードバランサー上でユーザーの証明書データが圧縮された痕跡があり、犯人がデジタル証明書を盗もうとしていたことが判明した。

富士通は即座に対応を行い、まず被害状況の確認のためにフォレンジック調査と呼ばれるセキュリティ事故の調査を実施した。そのうえで、この攻撃の対象となった脆弱性（セキュリティの抜け穴）を修正し、ネットワークの監視を強化した。

影響を受けた可能性のあるユーザーには、富士通から個別に連絡が行われており、被害の具体的な状況は公開されていない。本件において、FJcloudの顧客に対する直接的な損害は報告されていないが、富士通の復旧作業の工数やサービスへの信頼低下を考慮すると、こちらも多大な影響があったといえる。

情報漏洩が企業に与える影響

無防備なセキュリティ体制が、いかに企業を深刻な危機に陥れるか、トヨタ自動車の工場停止のニュースは鮮烈に示した。しかし、これは問題が表面化したほんの一部の事例にすぎない。つまり、情報漏洩という氷山の一角である。

情報漏洩は企業だけでなく、社会全体にも多大な影響を与え、深刻な結果を招くことがある。

企業にとって、情報漏洩は経済的な損失だけでなく、信頼性の喪失、株式など会社の市場価値の減少、さらには顧客と

の信頼関係の崩壊をもたらす恐れがある。

　企業規模にかかわらず、情報漏洩の事実が公表されるケースは多いが、公になっていないケースも無数に存在すると考えられる。セキュリティインシデントはどの企業にとっても大きな脅威であり、攻撃は高度化している。サイバーセキュリティに対する投資は、過去の事件を踏まえれば、防衛策としてのみならず、将来的なリスク回避策としても必要なものである。

　セキュリティ事故が発生した場合、企業は多額の費用を負担することになる。事故後の調査、システムの復旧、顧客対応、さらには信頼回復のためのブランドイメージの再構築など、目に見えるコスト以外にも多様な負担が発生する。トヨタ自動車の事例でも、生産停止は直接的な損失を生み出したが、その背後にはサプライチェーン全体への影響があり、数日間の生産損失だけでなく、長期的な影響も考慮しなければならない。

　情報漏洩の影響は企業の経済的側面にとどまらず、企業文化や従業員の士気にも及ぶ。セキュリティの脅威は、従業員にとって安心して働ける環境を奪う原因にもなり得る。また、企業が抱える潜在的なリスクとして、経営者やセキュリティ責任者に対する法的責任問題も浮上する。データ保護法の厳格化とともに、情報漏洩は企業経営者への責任追及の可能性を高める要因となる。

　最後に、情報漏洩が社会全体に与える影響を考えると、個人情報の流出は市民のプライバシーを侵害し、民間企業にとどまらない問題を抱えている。個人情報の保護は社会契約の

根幹をなすものであり、それが侵されたとき、社会の信頼関係は著しく損なわれる。

これらの問題を鑑みると、情報漏洩に対する厳重な対策と予防は、現代の企業にとって避けては通れない道であると同時に、社会の安定と発展のために不可欠な投資である。企業が存続し、社会が発展していくためには、情報セキュリティの強化に関する意識を高め、技術的、組織的、法的な側面から継続的な対策を講じる必要がある。

個人情報が危機にさらされている

ある大学生の悲劇

2015年2月4日、元IT関連会社社員の32歳の男の公判が東京地裁で開かれた。裁判長は「見ず知らずの人を犯人に仕立て上げ、自らは逮捕を逃れようとした悪質なサイバー犯罪」として、異例の重い刑である懲役8年(求刑懲役10年)を言い渡した。

この男は他人のパソコンを遠隔操作して、インターネット上で横浜市の小学校襲撃や航空機爆破などを予告したとして、威力業務妨害やハイジャック防止法違反などの罪に問われた。判決によると、この男は2012年6月から9月にかけて、コンピュータウイルスに感染させた他人のPCを遠隔操作し、ネット掲示板やメールで爆破や襲撃予告を行った。横浜市内の小学校が休校となるなど、多大な影響を与えた。

この犯罪では、犯人が捜査当局を混乱させ、警察が無実の大学生を逮捕するなど4人の誤認逮捕を招いた。警察は通信

記録から書き込みが行われたIPアドレスを特定し、4人を逮捕したが、2012年10月に「真犯人」を名乗る人物からのメールが届き、4人は事件に無関係であることが判明した。

そのうちの1件で、ある大学生が疑われた事件は次のようなものだった。

2012年6月29日午後3時過ぎ、横浜市のホームページ「市民からの提案」に「猟銃と包丁で完全武装して学校へおじゃまします」という脅迫文が書き込まれた。このため、翌日の授業参観は中止され、神奈川県警が捜査を開始した。7月1日、神奈川県警は19歳の大学生を威力業務妨害の疑いで逮捕した。決め手は、横浜市のホームページに残されたIPアドレスが、男性のパソコンの接続記録と一致したことだった。

この男性は当初、「何もしていない。不当逮捕だ」と容疑を否認していたが、のちの検察の取り調べで一転して容疑を認め、8月に保護観察処分となった。

しかし、10月9日から10日にかけて、真犯人を名乗る犯行声明メールが担当弁護士やTBSに届いた。そのメールには犯人しか知り得ない情報が含まれており、捜査機関はメールの送信者を真犯人と断定した。この大学生を含む4人の誤認逮捕が明らかとなった。

なぜ、やっていないことを認めたのか、不思議に思うかもしれない。しかし、この大学生は約1カ月半にわたり拘束され、連日の取り調べを受けていた。この状況は相当な精神的負担を伴い、嘘の自白をしてしまったとしても不思議ではな

い。最終的にこの男性は保護観察処分を取り消されたが、社会生活に大きな支障が出た。

この事件では捜査のずさんさへの批判もある。脅迫文は約300文字であり、男性のパソコンが横浜市のサイトにアクセスしてから約2秒間で送信されたとされている。しかし、2秒間で300文字を入力するのは現実的に不可能であり、同じキーを連打したとしても10～20文字程度しか書き込めないだろう。簡単に検証できる事実に、司法関係者を含め誰も気づかなかったのだ。

捜査機関が逮捕の根拠としたのは、大学生のパソコンのIPアドレスであったが、ある識者は「IPアドレスは車のナンバーと同じようなものでしかない。ひき逃げ事件の犯人を割り出す際、車両の持ち主が判明しても、その時に所有者が運転していたかどうか確認するだろう。なぜ今回の捜査ではそれが行われなかったのか」とコメントしている。パソコンのセキュリティが低かったという過失はあるものの、これほどの事態に発展するとは本人にとっては悲劇でしかない。

ちなみに、この事件の真犯人が使用したのはCSRF（クロスサイト・リクエスト・フォージェリ）という手法だった。これは、ウェブサイトのリンクに不正プログラムを仕込み、被害者がそれをクリックすると、意図せず別のサイトに書き込みをさせられるものである。

真犯人がこの不正プログラムを仕組むのに使ったのがTorであった。Torとは「The Onion Router」の略で、ユーザーの通信を世界中のサーバーを経由して転送し、通信の出発点や行き先、内容を第三者から隠すことができるネットワーク

システムである。このTorを利用して、不正プログラムを海外のホスティングサービスに仕込んだ。さらに、リンクを短縮URLにして怪しまれないようにし、「小ネタですが…」と2ちゃんねるに投稿した。この投稿にもTorを使い、自身の身元を厳重に隠していた。

結局、ネットワークの通信履歴からは真犯人を見つけることができず、防犯カメラの映像がきっかけで真犯人の逮捕につながったのは皮肉なことだ。

なお、この不正プログラムは、書き込まれるサイト側で防ぐ手段がある。しかし、**襲撃予告が送られた横浜市の投稿用フォーム**には、その対策が施されていなかったという不運もあった（この事件後、速やかに対応済み）。

身近に危険が潜んでいる

SNSでのコミュニケーション、オンラインショッピング、インターネットバンキングなど、私たちの日常生活のなかで、オンライン上で過ごす時間はますます増えている。しかしこの便利さの裏には、私たちの個人情報が常に危険にさらされているという現実がある。自分にはほとんど非がないにもかかわらず、大変な被害を受けることもあるのだ。

直近の数年間だけを見ても、大手企業からの情報漏洩が相次いでいる。これらの事件は遠い世界の出来事ではなく、私たち一人ひとりの生活に直接的な影響を及ぼす可能性を秘めている。

個人情報漏洩は、住所や電話番号が知られるのにとどまら

ず、金銭的損害、信用の失墜、そして個人の尊厳の侵害につながる深刻な問題だ。例えばある日突然、自分の名前で大量の不正請求がなされたとしたら、長年築き上げてきたクレジットスコアが一夜にして崩れ去ることもあり得る。これは決して誇張ではなく、実際に多くの人々が直面している現実である。

今日では、個人情報が新たな通貨ともいえる価値を持っている。そのため、私たちの情報を狙うサイバー犯罪者は日々巧妙な手口を開発し、私たちの情報を追跡している。

想像してみてほしい。ある朝、銀行からの通知で目覚めると、自分の口座から大量のお金が引き出されていることに気付く。不審に思いながらも、さらに悪いニュースが続く。携帯電話には契約していないクレジットカード会社からの請求書が届き、スマホには自分の知らない住所に商品が配送されていたことを示す通知があふれている。個人情報が漏洩すると、こういった事態が現実に起こり得るのだ。

個人情報漏洩は、身元詐称の最大の原因となっている。犯罪者は、名前、住所、社会保障番号、クレジットカード情報などを悪用し、あなたになりすまして金融取引を行う。このような行為は、財産に直接的な打撃を与えるだけでなく、信用を回復するのに数年を要することも珍しくない。

さらに、一度でも個人情報漏洩の被害に遭うと、その情報はネットの闇市場で取引され、一生付きまとうことになる。一度悪用された情報は犯罪者の間で共有され、さまざまな形で何度も使われる可能性がある。これは、被害者が一度の漏

洩で何度も被害に遭う「二次被害」のリスクを意味している。

このように、個人情報漏洩の影響は一時的なものではなく、長期にわたって個人の生活に深刻な影響を及ぼす可能性がある。一度漏洩した情報は取り戻すことが難しく、その後の人生においても長く影響を与える。だからこそ、私たちは個人情報を守るために最大限の対策を講じるべきであり、漏洩がもたらす恐ろしい結果に向き合うことが必要なのだ。

個人情報はどのように悪用されるのか？

情報漏洩における攻撃者側の視点で、どのような情報がどの手法で盗まれているのか、盗まれた情報がどのように処理されているのかを説明する。

まず、個人情報がどのように盗まれているかについてである。主な手段として、フィッシング攻撃、マルウエアの使用、データベースの不正アクセスなどが挙げられる。フィッシング攻撃では、正規の企業や組織を装ったメールが利用者に送信され、リンクをクリックさせたり、重要な情報（パスワードやクレジットカード情報）を入力させたりすることで情報が盗まれる。一方、マルウエアは、ユーザーのデバイスに侵入し情報を抜き取るソフトウエアである。これらの攻撃は、個人のセキュリティ意識の低さを突くものであり、一度情報が漏れると大きな被害につながる。

次に、その個人情報がインターネットの闇市場でどのように流通するかについてである。窃取された個人情報は、しば

しばダークウェブのマーケットプレイスで取引される。ダークウェブは通常の検索エンジンでは見つけることができず、匿名性が高いため犯罪行為に利用されることが多い場所である。ここではクレジットカード番号、社会保障番号、パスポート情報などが売買されている。特にカード情報や口座情報は簡単に現金化できるため、ダークウェブでも単価が高いとされる。例えば、クレジットカード情報が1枚あたり1～45ドルで取引されるといわれている。さらに、医師や弁護士、経営者など高所得者の情報は、さらに高額で取引されることもある。

　盗まれた個人情報の悪用方法は多岐にわたる。最も一般的なものは、金銭的利益のための不正利用である。クレジットカード情報が盗まれると、不正な購入が行われることがあり、銀行口座情報が盗まれた場合は、犯人の口座への振込を通じて金銭が盗まれることになる。さらに、個人情報を使った詐欺やなりすましも一般的であり、被害者の名前でローンが組まれたり、ほかの犯罪に利用されたりすることもある。
　また、ほかの犯罪の道具として利用されることもあり、最も分かりやすい例はなりすましである。身元の不明なメールアドレスはメールボックスに届きにくいため、他人のメールアドレスを盗んでスパムメールの送信元に利用する。広告メールだけでなく、ウイルス添付メールや不正サイトへの誘導を行うメールを送ることにも使われる。近年、実在の人物や組織のアカウントを装った詐欺メールが問題となっているが、このような詐欺にもダークウェブで流通しているアカウントが利用されている可能性がある。

このように攻撃者にとって、個人情報は「お金になる」情報である。したがって、家に鍵をかけたり、貴重品を金庫に入れたりするように、個人情報も厳重に管理することが求められる。

サイバー犯罪の被害状況と事例

サイバー犯罪の被害状況の一例を紹介しよう。2019年の調査によれば、世界10カ国での被害者数は3億5,000万人にのぼる。この中で、最も被害者数が多い国はインドで1億3,120万人、次いでアメリカが1億990万人という報告がある。これら2カ国での被害者数が顕著であり、ほかの国々では、日本で2,460万人、フランスで1,930万人、イタリアで1,910万人、ドイツで1,770万人、イギリスで1,650万人の被害者がいるとされている(ノートンライフロック発表 ノートンライフロック サイバーセーフティ インサイトレポート2019より)。

国内外を問わず、著名な企業の情報漏洩事件も多発している。日本では、ヤフージャパンの不正アクセス事件で2,200万件のデータが盗まれたことや、宅ふぁいる便(現在はサービス終了)の480万件の個人情報漏洩、NTTコミュニケーションズの400万件、トヨタ自動車の310万件の漏洩が発生している。さらに、日本年金機構がサイバー攻撃によって125万件の個人情報を失った事件も記憶に新しい。これらの事件は、それぞれ大きな社会問題となり、セキュリティ対策の見直しや法改正の契機となった。

海外では、Equifaxのサイバー攻撃が特に大きな注目を集

め、この攻撃によって1億4,000万件の個人情報が漏洩した。漏洩した情報にはSSN（社会保障番号）や年収情報が含まれており、その影響は計り知れない。また、Uberで5,000万件以上の個人情報が漏れた事件や、Facebookで2億7,000万件以上のユーザー情報が漏洩した事件も大きな問題となっている。これらの事例では、サービス提供者のセキュリティ設定ミスや不備が原因で、多くの情報が外部に流出してしまったことが明らかになった。

これらの数字を通じて、個人情報の漏洩がいかに広範囲に影響を及ぼしているかが理解できるであろう。サイバー犯罪の被害者数や具体的な事件の規模を知ることで、個々人や企業が情報管理とセキュリティ対策にどれほど真剣に取り組むべきか、その深刻さを示している。大規模なデータ漏洩が次々と発生している現状を踏まえると、個人情報の安全保護に対する意識を一層高め、実効的な対策を講じることが急務である。

甚大な影響を及ぼす社会インフラへの攻撃

コロニアル・パイプライン事件

個人ではなく、社会インフラへの攻撃についても注目する必要がある。

2021年5月7日、犯罪者グループDarkSideはアメリカの燃料供給の大動脈であるコロニアル・パイプライン社のコン

ピュータシステムに侵入し、100GB以上のデータを盗み出し、システムを暗号化した。これにより、コロニアル・パイプライン社のシステム操作が不可能となり、緊急の対応としてパイプラインの操業を停止した。攻撃者は身代金として、データの解放とデータの公開を避けるための支払いを要求した。

この攻撃により、アメリカ東海岸の約45%にも及ぶ燃料供給が影響を受け、ガソリンやジェット燃料の配給が不安定になった。その結果、多くの地域でパニック買いが発生した。

バイデン政権は国家的な危機として迅速な対応を強いられ、サイバーセキュリティ対策の強化を目指す大統領令を発令する事態となったのだ。

識者によれば、攻撃の端緒はコロニアル・パイプライン社の未使用のレガシーVPNアカウントへのアクセスであり、このアカウントには多要素認証（MFA）が適用されていなかったため、侵入が容易だったという。攻撃者は、以前に漏洩したほかのウェブサイトで使われていた従業員の認証情報を利用した可能性がある。

攻撃の影響は甚大で、5月12日までに1,000以上のガソリンスタンドでガソリンが枯渇し、コロニアル・パイプライン社は最終的に440万ドルの身代金を支払った。ただし、その後に支払われた身代金の約85%を回収することに成功したとされている。

この事件は、サイバー攻撃が石油供給システム全体の停止を引き起こすリスクを浮き彫りにした。企業は内部ネット

ワークのセキュリティを確保し、従業員の認証情報の管理を徹底することが、今後のサイバーセキュリティ戦略において必須であることが明らかとなった。

またこの事件を受けて、アメリカ政府はサイバーセキュリティ対策を強化し、企業にもより厳格なセキュリティ基準の遵守を求めている。サイバーセキュリティは国家安全保障の一環であり、経済活動の維持にも不可欠な要素であるという認識が、この事件を通じて一層広まったといえる。

韓国テレビ局事件

2013年3月20日に韓国で、主要放送局と銀行のコンピュータネットワークが同時にダウンする事件が発生した。

この事件では、放送局KBS、MBC、YTNおよび複数の銀行が影響を受け、特に放送局では数百から数千台のコンピュータが起動不能となった。銀行ではATMが利用不可能となり、インターネットバンキングを含む支店業務に重大な障害が発生した。

事件当日、感染したコンピュータではHDDが消去される被害が発生し、一部のニュースサイトが改竄され、マルウエア感染にリダイレクトされる状況が確認された。韓国政府はこのサイバー攻撃に北朝鮮が関与している可能性を示唆しているが、セキュリティ専門企業からはその直接的な証拠は提示されていない。

セキュリティ企業Sophosによれば、北朝鮮は過去にも複数のサイバー攻撃を行っており、特に2009年の大規模な

DDoS攻撃が報告されている。韓国政府は事件発生後、サイバー危機対策本部を設置し、サイバー危機警報を「関心」から「注意」レベルに引き上げた。これにより監視スタッフが通常の3倍以上に増員され、国家のサイバーセキュリティ態勢が強化された。

攻撃は、標的となった企業や組織のパッチ管理システムを通じてウイルスが配布されるという手法で行われた。このウイルスは特定の時刻に活動を開始するよう設定されており、一斉にシステムをダウンさせることで大規模な業務停止を引き起こした。

事件の解析が進む中で、韓国インターネット振興院（KISA）はウイルスの特定に成功し、被害を受けた企業に対してウイルス対策ソフトを無料で配布した。このウイルスは情報盗取ではなく、感染したシステムの機能を停止させることを主な目的としていたため、攻撃の性質が通常の攻撃とは異なると指摘されている。

この事件は韓国だけでなく国際社会にも大きな衝撃を与え、国家レベルでのサイバー攻撃の脅威が再認識されるきっかけとなった。同時に、産業システムや国家インフラに対するサイバーセキュリティの重要性が強調され、今後の防衛策の見直しを促す結果となったのだ。

スタクスネット事件

スタクスネットは、2009年から2010年にかけて発生したサイバー攻撃で、特にイランの核施設を標的にした高度に特

化したコンピュータワームである。産業用制御システムを対象としており、主にウラン濃縮に使用される遠心分離機を破壊することを目的としていた。

スタクスネットは、インターネットに接続していないシステムにもUSBメモリ経由で感染する能力を持ち、産業用制御システムのセキュリティに大きな変革をもたらした。

スタクスネットの攻撃は、特定の条件を満たすシステムにのみ有効であった。このワームはWindows OSを搭載し、ドイツのSiemens社製のSCADAシステムと接続されているコンピュータを対象としていた。感染したシステムでは、ワームが遠心分離機の制御を乗っ取り、機器の回転速度を操作して物理的に破壊するという手法が用いられた。

このサイバー攻撃の背後には、アメリカとイスラエルなどの国家政府が関与しているとの説があり「オリンピック作戦」として知られているが、公式にはどちらの国も関与を否定している。スタクスネットは、4つのゼロデイ脆弱性を利用して行われた。「ゼロデイ脆弱性」とは発見から日数が経っておらず、まだ防御方法が存在していない脆弱性である。そのスピードと複雑さを考慮すると、高度な技術力と資源を有する組織がこの攻撃を主導したと推測される。

このワームの影響は主にイランに集中したが、他国での被害報告は少なかった。これは、スタクスネットが特定の産業設備にのみ作動するよう設計されていたためであり、一般的なパソコンや企業のシステムにはほとんど影響を与えなかったからである。

この事件は、サイバーセキュリティの世界において、国家がサイバー攻撃を戦略的な武器として使用する新時代の幕開けを象徴するものであった。また、この攻撃はその後のサイバー戦争の脅威に対する認識を高め、産業システムだけでなく国家安全保障においてもサイバーセキュリティが重要な要素であることを浮き彫りにした。

スタクスネットの派生型である「Duqu」と「Flame」は、それぞれ異なる目的で開発され、さらに高度なサイバー攻撃技術の進化を示している。これらの派生型は情報収集やほかの戦術的目的に利用されており、サイバー戦争の多様性と進化を示している。スタクスネット事件は、国際的なサイバーセキュリティ対策の強化と新たな防衛メカニズムの開発を促進するきっかけとなった。

医療機関を狙った攻撃

病院は人々の健康と命を預かる重要なインフラであり、セキュリティインシデントの一つひとつが直接的に人の命に関わる危険性を持つ。そのため医療機関のサイバーセキュリティも見逃せない。

金沢大学附属病院で2009年、USBメモリを介したウイルスが院内のネットワークに侵入した事例がある。不正プログラムが検出された件数は1,000件近くに及び、レスポンスの遅延や動作の不安定化といった問題が発生した。この事例は、医療業務がサイバー攻撃の犠牲になると病院運営に深刻な障害が起こることを示し、医療機関の脆弱性を浮き彫りに

する出来事であった。

　また、2018年に発生した宇陀市立病院でのランサムウエア攻撃は、この問題の深刻さをさらに明らかにした。電子カルテシステムが使用不能となり、病院は紙のカルテによる運用を余儀なくされた。この事例は、従業員のITルール違反が原因となっており、サイバーセキュリティの基本である「社内ルールの徹底」の重要性を示す例である。

　2019年には多摩北部医療センターで、職員の端末が不正アクセスを受け、情報流出の可能性が発生した。これはEmotet亜種というマルウエアによる感染が原因であり、病院の情報システムがいかに複雑で、外部からの攻撃に対して脆弱であるかを示している。

　2020年には、福島県立医科大学附属病院でウイルス感染による検査機器の不具合が発生した。CT画像が保存できないという問題が起こり、放射線科での患者診療に直接影響が及んだ。この事例では、インターネットとは切り離されていた医療情報システムが外部端末経由で感染した可能性が指摘されている。

　医療情報は極めてセンシティブであり、患者のプライバシーと直結している。この情報が外部に漏洩した場合、その影響は個々の患者だけでなく、社会全体の信頼を揺るがし、医療機関の運営基盤そのものを脅かすことになる。したがって、攻撃者にとって医療機関は有望なターゲットとなることがあり、患者情報を人質にして医療機関から身代金を強要することにつながるのだ。

　セキュリティ対策の不備が引き起こす結果は、単なる金銭

的損害にとどまらない。医療機関が提供するサービスの質の低下、患者の信頼の喪失、そして最悪の場合には、救命処置が遅れることによる生命の危険さえも招きかねない。これらのリスクは、医療機関が高度なセキュリティシステムと運用規則を備え、常に最新のセキュリティ対策を講じることの重要性を高めている。

脆弱なハードウエアセキュリティ

このように、社会基盤システムにおけるセキュリティ事故による影響は甚大である一方で、近年は社会全体のITセキュリティ意識が高まり、あまりにもずさんな対応は減少している印象がある。しかしながら、ハードウエア関連のセキュリティについては課題が多い。

例えば、パスワードを定期的に変更し、推測されにくいものにすること、OSやセキュリティのアップデートをこまめに行うこと、不明なワイヤレスLANに接続しないことなど、こうした基本的な対策に対する意識は高まってきている。しかし、サイドチャネルアタックやハードウエア・トロージャンなど、ハードウエアを標的にした攻撃については一般的な理解が進んでいない。

セキュリティは最も弱い部分で決まるものであり、家に例えるなら、正門がいくら強固でも裏口が脆弱であれば意味がない。「スタクスネット」の事案でも示されたように、ハードウエア攻撃が有効であれば、ソフトウエアセキュリティの強化だけでは防げないのである。

特に近年は、IoTの時代と呼ばれ、あらゆる電子機器がネットワークにつながり、便利に利用されるようになっている。例えば、工場で使われるFA（工業用ロボット）や病院で使われる医療機器がネットワークでつながり、集中的に管理されるようになっている。ただし、この利便性が同時にセキュリティの脅威にさらされることも意味している。いくら中央のサーバーが強固なセキュリティで守られていても、これらの機器のハードウエアセキュリティが脆弱であれば、重要なサーバーへの侵入を許してしまう可能性が高い。

　こうした事態を防ぐため、次の章からはハードウエアセキュリティの基礎を説明し、セキュリティレベルを向上させる具体的な方策を紹介する。

[第 2 章]

IoTの進展に伴い
リスクは増大する一方
サイバー攻撃から
IoT機器を守るハードウエア
セキュリティとは

2.1 IoT時代がやってきた

　IoTとはInternet of Things（モノのインターネット）の略語である。

　IoTという言葉が言われ始めたのは1990年代の半ば頃、Windows95が発売されインターネットが急激に大衆化を始めたすぐの頃であった。イギリスの技術者で、RFIDやその他のセンサーの国際標準を確立したケビン・アシュトンという人が、ユビキタスセンサーを通してインターネットが物理世界をつなぐシステムをInternet of Thingsと名付けたのが始まりとされている。

　だがその後、人のインターネットの世界（人間の操作するコンピュータが、地球上の無制限のネットワークであるインターネットにつながれて相互に交信し合う世界）が爆発的に普及したのに比較して、IoTは言われるだけで、それほど普及したわけではなかった。物同士の交信は、主にLAN（Local Area Network）などの閉鎖空間の中にとどまり、物（センサーや計測器、組込機器など）が直接インターネットにつながる世界は容易に実現しなかったのである。

　その理由はいくつかあるが一つの大きな理由となったのは、インターネット空間が無制限であるがゆえに、危険やリスクに満ちたものであったことが挙げられる。インターネット空間のそこかしこにはハッカーやマルウエアが潜んでいて、インターネットに接続するコンピュータを狙っている。そしてコンピュータがマルウエアに感染すると知らぬ間に自分が管理しているはずの情報（時には金銭や、重要な企業資産など）を抜き出されてしまう。場合によってはさらに自分

のコンピュータのIDを使ってハッカーになりすまされ、犯罪の片棒を担がされてしまうことさえある。こうした危険に満ちたインターネット空間の中で接続するコンピュータが自分を守っていくためには、つねに最新の防御ソフト（ファイアウォールやワクチンソフト、あるいは侵入検知のためのセキュリティソフトなど）を自身のコンピュータに実装し、さらにそれを更新し続けていかねばならない。ところが、IoTに接続する物（センサーや計測器、組込機器など）には、その能力がない。コンピュータと比較してリソースが小さいことが多いので、十分な防御ソフトを自分で搭載できないのだ。だから、物をインターネットに直接接続させるのは危険なことなので、十分なセキュリティ機能を実装したコンピュータが管理するLANの下に物を置いてインターネットから隔離するか、暗号機能によってインターネットから隔離されているネットワークの中に物を置いて、直接インターネットに触れないようにして運用する方法がとられていたのである。

ところが約20年弱を経て、2010年代半ば頃からいよいよ本格的なIoTの時代がやってきた。その理由は主に2つある。

一つには、人のインターネットがあまりに普及して、日常空間のそこかしこにインターネットの接続口が顔を出してしまっており、LANなどによる物の隔離が十分でなくなったことが挙げられる。

例えば昨今、医療施設で起きているランサムウエアによるセキュリティインシデント（病院の医療用システムが突然ダウンしてしまい、ハッカーから身代金を払わねば、システム

を復旧させないという脅迫が行われること）のかなりの割合が、医療従事者のコンピュータのメール操作を通じた感染であるとされている。これなどは一人の医療従事者がインターネット接続用のPCとLAN（病院内システム）接続用の端末とを2台机の上に持って操作していれば原理的には防げることなのだが、実際には1台のPCが両方に接続されてしまったために起きたことだといえる。医療従事者のPCがインターネットに接続してしまうと、病院システム本体に格納されている電子カルテや検査情報、患者の個人情報も、病院システムに接続しているMRIやCTその他の医療機器も、すべてインターネットにつながってしまい、LANによる隔離は機能しなくなる。期せずしてIoTの世界が実現してしまうのである。

　もう一つの理由は、物同士の交信にインターネットを使うことが、経済的にも便利になったことが挙げられる。

　例えば、これまでLANなどで隔離された世界に接続する物を制御するソフトウエアを更新するには、メンテナンスの技術者が直接システムの所在地に出向いて、更新作業を行っていたのだが、現在ではインターネットを通じた遠隔操作によってソフトウエア更新を行うほうがはるかに経済的効率がよいとされるようになった。さらには、経済のグローバル化によって、一つの企業が同時に世界中の原料情報や在庫情報、為替情報などを管理し、AIなどを用いて瞬時に最適な生産計画をたてるためには、インターネットによる情報の統合が不可欠で、この場合もLANなどによって隔離された情報を間接的に集めるよりも、末端の機器の情報を直接に収集統合したほうが便利なのだ（余談だが、2020年代に入って新

従来の（SW 中心の）ネットワークセキュリティの考え方1

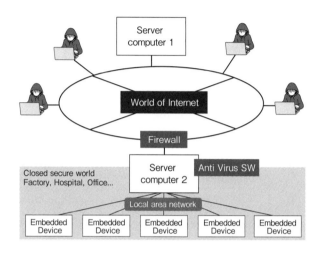

型コロナウイルスによるパンデミックに対抗するために、お隣の韓国や台湾がスマートフォン端末を利用したIoTを駆使して感染状況の的確な把握に努めたのに対して、我が国の保健所システムがFAXによる情報の縦割り報告に終始して、人のインターネットすら用いることができなかったことはよく知られている）。

　そのような理由から、2010年代に入って物のインターネット接続が行われるようになり、かねて言われてきたIoT時代がいよいよやってくるようになったのだ。

2.2　ハードウエアが危ない

それでは、IoTに接続する物（センサーや計測器、組込機器など）が無制限のインターネットに接続する場合、情報セキュリティはどのようにして守っていくべきか。

端的に言えば、末端機器も含めて、これらの「物」の一つひとつが自ら「身の証し」を立てることによって、セキュリティを担保していくというのが、その答えである。

下の図をご覧いただきたい。従来の人のインターネットの世界でも、サーバーコンピュータ1と2の間には、ハッカーやマルウエアが潜む危険なインターネットの世界が広がっている。そこでサーバー1とサーバー2は、暗号機能を用い

従来の（SW中心の）ネットワークセキュリティの考え方2

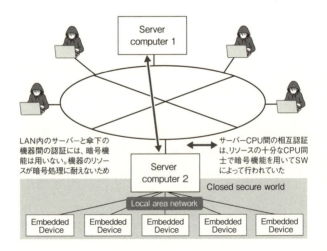

て、お互いの「身の証し」を立て合うことを通じて、交信の安全を確保してきた。サーバー1と2はともにリソース（電力やメモリ容量）を十分に持つコンピュータであるから、最新の暗号技術に基づく暗号アルゴリズムを搭載し、その機能を用いて危険なインターネットの世界を乗り越え、安全な交信を確保してきたのである。いわば危険なインターネット上に最新の暗号機能によるネットワークを構築することによって、情報セキュリティを担保するという考え方であったのである。

ところが、IoT時代がやってくると、個々の物（センサー、計測器、組込機器など）がインターネットに直接接続することになる（40ページの上図参照）。その場合、少なくとも個々の物が自分で交信する他者との間で「身の証し」を立てなければならない。

つまり、インターネットに接続する個々の物（センサー、計測器、組込機器など）は、防御ソフトは搭載できずとも、少なくとも暗号機能は搭載し、インターネット上のすべての正当な交信相手との間で「身の証し」を立て合うことができなければならないのである（40ページの下図参照）。

これらの暗号機能を持たずに、いわば「裸の状態」で物＝ハードウエアがインターネットに接続することは情報セキュリティ上大きな危険を招き、インターネット社会全体を機能不全に陥らせることにつながりかねない。

IoT 時代の到来

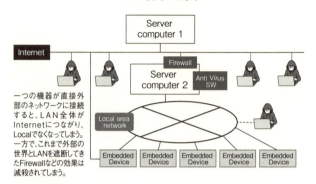

一つの機器が直接外部のネットワークに接続すると、LAN全体がInternetにつながり、Localでなくなってしまう。
一方で、これまで外部の世界とLANを遮断してきたFirewallなどの効果は減殺されてしまう。

Embedded Device	一つの機器が LAN を越えて直接 Internet に接続してしまう理由
合法的な目的	組込ソフトの更新、メンテナンス、機器自体の入れ替えに伴う初期設定… (目的は合法であっても、外部と接続することによりシステムを脅威にさらすことになる)
非合法的な攻撃	なりすまし攻撃者が内部者になりすまして PC や USB などを LAN に接続 なりすまし攻撃者が内部者になりすまして機器を悪意ある機器と入れ替える

Society 5.0

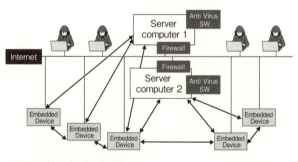

◀━━━▶ Mutual authentication

Society 5.0 の世界では多くの機器が Internet に直接つながり、独立した閉鎖空間としてのLAN の概念はほとんどなくなる。
リソースの小さいセンサー・アクチュエーターのような機器であっても、暗号機能を駆使して、ほかの機器や CPU との間で相互認証を行い、真正な信頼できる相手とのみ通信を行うようにシステムを設計しなければならない。
Society 5.0 の時代には、「軽く、速く、強い」暗号ユニット(セキュア半導体のコア IP=HW)が求められる。

2.3 「パソコンを使っていないから関係ない」は間違い

　さて、ここで少し寄り道となるが、ネットワークセキュリティの「イメージ」というものに少し触れたい。私たちは、なんとなくコンピュータウイルスとかマルウエアというものが、コンピュータの論理的なインターフェースから侵入し、コンピュータの中のソフトウエアが、侵入したウイルスとかマルウエアに感染してセキュリティインシデントが起きるというイメージでものごとを考えがちである。そしてそれはネットワークとソフトウエアの世界ではきわめて妥当なイメージでもある。

　まず、侵入口はコンピュータの論理的なインターフェースであること。つまりコンピュータの外縁についているUSBとかEthernetとかの口にケーブルを接続すると、外部のネットワークから信号が入ってきて、その信号のうち一部のものが悪さをする可能性があるということなのだ。

　ところが、ハードウエア（センサー、計測器、組込機器など）の世界では、そもそも侵入口はネットワーク機器のようには決まっていない。論理的なインターフェースのほかに、物理的なインターフェース（例えば、機器にプローブという針を刺して演算処理の途中に介入する）からの攻撃も有力な手段としてある。また、機器が演算処理をしている最中に漏れ出す電磁波や電力波などを計測して、その波形から機器の中の暗号鍵を読み出す方法も広く知られている。

　家に侵入する泥棒にたとえれば、論理的インターフェースからの侵入とはドアや雨戸のようにふつうに善意の人も出入

りする口から悪意の泥棒も侵入してくるというのに対して、物理インターフェースからの侵入とは、壁や屋根など家の出入り口ではないところに穴などをあけて泥棒が侵入するということなのである。

つまり、IoT時代にハードウエアの世界で起きる情報セキュリティインシデントは、ネットワークとコンピュータの世界でのそれとは、だいぶ「イメージが違う」ということなのだ。だが、ハードウエア（センサー、計測器、組込機器など）もれっきとしたマイコン（広義のコンピュータと言ってもよい）によって制御されている道具なのであり、20世紀の昔のような単なる機械（「からくり」機構で動く）ではない。

21世紀には、多くの機械を開けてみれば、中に「基板」といわれる部分があって、その中に小型の演算器であるマイコンが実装されており、そのマイコンの力で、機械が制御されているというわけなのである（余談だが、最近では掃除機などの家電製品でも、あるいは自動車の部品などでも、ちょっと技術者の手に負えない故障が発生すると、詳しい原因追究をしないで、古い「基板」を捨ててしまい、新しいものに取り替えると、すっかり故障が直ってしまうなどということが起きる）。

ネットワークとコンピュータが主役のソフトウエアの世界とハードウエアセキュリティの世界とではイメージがまったく違うということは特に知っておくべきである。「自分はパソコンを使っていないからセキュリティインシデントとは関係ない」などということは決してない。それどころか、あなたに身近な家電製品、医療機器、工場のオートメーション機器、自動車や飛行機など大きな機械の部品、ドローン、その

他無数の機器がいまIoTに接続され、何もしなければ、セキュリティ上の危機にさらされるのである。

2.4　家電製品がインターネットにつながる

　最近、ある家電メーカーのテレビコマーシャルにこんなのがあった。スーパーマーケットに買い物に出かけた主婦が、商品を手に取って、ふとその商品は家庭の冷蔵庫にすでに買い置いておいたものではないかと思う。そこでスマートフォンを取り出し操作すると自宅の冷蔵庫の中が見えて無事、二重買いをしないで済む、という話である。このメーカーの冷蔵庫には、中身を撮影することができる映像センサーが仕掛けられていて、そこで撮影された映像がインターネットを通じて外部のスマートフォンに出力される機能をもっているわけである。

　このように、家庭内の各種の家電製品が、インターネットによって制御されるようなものを「スマートハウス」「スマートホーム」などという呼び方をしている。いちばんよく使われているのはおそらくエアコンを外部から制御して、帰宅時までに部屋を暖めたり冷やしたりしておく機能ではないかと思われるが、ほかにも風呂を外部から沸かしておく機能あたりも生活に密着した便利な機能といえるだろう。上記のように「外部の人間が家の中の家電製品を制御する」場合は、家電側の制御機構のことをアクチュエーターと呼んでいる。一方で例えば監視カメラを用いたペットの見守り機能なども最近では普及し始めており、このような場合はカメラ側の映像撮影機能のことをセンサーと呼んでいる。もちろんセ

ンサーを駆使した防犯システムもスマートハウスの重要な機能の一つである。

また昨今のAIの発達により、外部の人間ではなく家庭内のサーバー（一種の無人管理センターと言ってもよい）内に格納された人工知能が、各種の家電製品のセンサー情報を検知して、最適の状態に制御するような機能も発達してきている。

さて、これらの「スマートハウス」のシステムを運用するには、あくまでもIoTを介した、中枢（家を制御するヒトのPCやスマートフォン、あるいはAIを搭載したサーバーコンピュータ）と末端のデバイス（センサーやアクチュエーター）との間の交信が「正しく」行われることが前提となっている。例えば、もしハッカーがIoTを介して「ペットの見守りシステム」を乗っ取り、これを悪用すれば、たちまち「のぞき」「盗撮・盗聴」の犯罪が成立してしまうのである。したがってスマートハウスのセキュリティを守り、IoTを介してもその機能を安全に保つために、中枢と末端の機器同士、場合によっては末端の機器同士がお互いを「正しい存在」として「身の証しを立て合う」必要が出てくる。とくにこれまで暗号機能を用いて、自らの「身の証し」を立てることをしてこなかった末端デバイスにもそのような機能を搭載することが、必須となる時代が来たのである。

2.5 工場の制御機器がインターネットにつながる

IoTの活用が、今後最も見込まれる分野の一つが、工場の製造機器に搭載されるセンサー、アクチュエーター、いわゆ

るファクトリーオートメーションの世界である。

　工場の中で人間が物を作るのではなく、製造工程を極力自動化しようとするには、工場全体の製造システムをLANで構成し、各種の製造機器にセンサー、アクチュエーターを搭載してLANの中で各種の情報を交信し合いながら、製造を進めていく方式が効率がよく、この方式はかなり以前からとられていた。この場合、製造工程のLANは直接インターネットに結合されるのではなく、製造システムを制御する中枢部のサーバーにしかるべきファイアウォールやセキュリティソフトなどの機能を搭載して、インターネットとの出入り口を1カ所に絞り、LANの内部は一種の閉鎖空間としてインターネットから隔離される措置が取られるのが通常であった。その代わり製造システムを構成する各種の末端機器は「LANによってインターネットから隔離されているから大丈夫」とみなされ、末端機器自身としてはなんらのセキュリティ機能を持たない。セキュリティのことは中枢のサーバーコンピュータに任せるという役割分担が行われてきた。

　ところが、IoTの発達とともに、このような閉鎖空間としてのLANを維持することは次第に困難になってきた。

　さらに、機器メーカーのサービス担当者が工場に出向いてソフトウエア更新を行うという従来型のメンテナンス方式自体が、メンテナンスの過程で（一時的だが）LANで隔離されてきたシステムをインターネットに接続してしまうという事案が時々発生するようになった。また、サービス担当者になりすました犯罪者が、機器のメンテナンスを名目に工場内に侵入し、工場内の末端機器などのインターフェース（USBやEthernetの口）を通じて工場のシステム全体を攻撃する事例

（第1章で紹介したスタクスネット事件などはこの事例とみられている）がみられる。

なお、IoTの時代に工場の製造システムのセキュリティを保つには、末端機器の一つひとつになんらかの暗号機能を搭載しなければならないことを述べたが、これは口で言うほど簡単ではないことも述べておきたい。なぜなら工場の製造システムは通常さまざまなメーカーが、さまざまな年代に製造した末端機器（レガシー機器と呼ぶ）によって構成されており、一つの志高いメーカーが、自社のしかも最新機器に限って暗号機能を実装し、工場の製造システム内で古い機器と置き換えたとしても、ほかのメーカーのレガシー機器がそのまま放置されれば、システム全体では脆弱性をもったまま「裸の状態」でインターネットに直面することになってしまう。つまり、レガシー機器のすべてを含めて、システムを構成する要素機器のすべてに暗号機能を具備しなければシステムのセキュリティは保てないのである。この問題を解決するため、私の会社では、末端機器自体にではなくそのインターフェース部分に「セキュリティアダプター」と称する標準的な暗号装置を取り付け、システムセキュリティを保つ方式を提案している。

2.6 医療・健康機器がインターネットにつながる

医療、保健分野もIoT時代の最も有望な分野の一つである。

このうち病院システム（電子カルテシステム）は、きわめて雑多な末端計測機器や医療機器（例えば、CT、MRI、レン

トゲンあるいは輸血、内視鏡手術用の機器等)が病院の中枢サーバー(電子カルテのデータベース)などに連結されていて、患者単位の情報管理が行われているという点では、工場の製造オートメーションシステムに近い。

いずれも従来インターネットから隔離されたLANとして運用されてきたこと、今後、末端機器の制御ソフト更新をインターネット経由での遠隔操作で行いたいとするニーズがあること、種々雑多なメーカーによる末端機器(レガシー機器)によりシステムが構成され、個々の末端機器のいくつかに暗号機能を実装したくらいでは、システムのセキュリティは保てないこと等では共通である。一方で相違点があるとすれば、まず医療システムは人命や個人のプライバシーにかかわるもので、工場のオートメーションよりさらにセキュリティ上デリケートなものであること、工場に比較して関与する医療従事者の人数が多く、その分ヒューマンエラー的なインシデントの機会(前述した医療従事者のメールのインターネット接続によって、LANのインターネットからの隔離が破られる事例等)が多いことなどが挙げられる。

医療の分野には、上記とは別に遠隔医療という課題もある。インターネットを介した遠隔手術の例などはすでによく知られているし、いわゆるテレビ会議システムを介した遠隔診察などもいつでも実用可能な段階に入っている。これら遠隔医療の場合、診察ないし医療行為を行う医師と患者がお互いに電子的に「身の証し」を立て合い、正しい医師、正しい患者であることを示すために、暗号機能が必要とされるのは論をまたない。

また、医療の隣接分野として、主に高齢者のバイタルデー

タを定期的に(あるいは異常があった時には直ちに)遠隔地の管理センターや医療機関に送り、健康管理を行う保健システムも構想されており、実用化に近づいている。この場合も、正しいユーザーと正しい管理者がお互いの「身の証し」を暗号機能によって立て合うという意味では、遠隔医療の場合と近似しているといえる。

2.7 複雑な機械の内部部品への暗号実装

2.2から2.6まで述べてきた事例は、おおむねあるシステムを構成する末端機器と中枢のサーバーコンピュータなどとの間の交信がインターネットを介して行われていて、それらシステムの要素となる機器同士がお互いを「正しいもの」として「身の証し」を立て合うために個々の機器に暗号機能を実装することが必要であるという話であった。

本節では、上記から離れて、例えば自動車、航空機、人工衛星、ロボット、ドローン等々かなり複雑な構造をもった機械の部品として、センサーやアクチュエーターなどが装備される事例についてふれたい。

自動車、航空機、人工衛星、ロボット、ドローンなどはいずれも人間がなんらかの方法で遠隔操作をする機械である。有人の搭乗者が存在する場合もあるが、そうであっても機械の中枢にはその機械を制御する演算回路を搭載した頭脳に当たる基板があって(今日では多くの場合AIがこの頭脳をつかさどっていて)、さらに手足にあたるアクチュエーター(ブレーキやアクセルなど)、耳目にあたるセンサー(自動制御用の映像センサーやレーダー、ライダー装置など)を統御して

いる。つまりこれらの機械は内部にシステムを持っていて、内部ネットワークを介して中枢と末端が交信し合っているのである。

このような場合、内部ネットワークにハッカーやマルウエアが介入し、中枢部による正しい末端部への制御を損なう可能性が指摘されている。今後自動車の自動走行の発達に伴う、自動車本体の電子的な乗っ取りや、ドローン、人工衛星等の軍事利用をめぐる攻防（電子的な乗っ取り合い）などナショナルセキュリティ面からの脅威や脆弱性が問題とされてくる機会は目前に迫っている。そしてここでも中枢の制御基板と末端の部品が、お互いを「正しいもの」として暗号機能によって「身の証しを立て合う」必要があるのは、2.6までと同然なのである。

2.8 暗号機能のハードウエア実装

このように、IoT時代は、その到来によって、これまでLANなどで保護されてきた「裸の」末端機器が自分で暗号機能を持ち、中枢のサーバーコンピュータや隣の末端機器との間で、「身の証し」を立て合う（自らを正当な存在として証明する）必要をもたらしたが、その暗号機能の実装がどのように実現するのかを見ていくことにする。

組込機器は、通常制御基板上に搭載される演算機能を持つマイクロチップによって制御される。このマイクロチップは、MCUなどと呼ばれることが多いが、いわば組込機器の頭脳であって、ソフトウエアを搭載するコンピュータの役割を果たしているといってよい。

このMCUが十分な容量と電力を持っている場合には、暗号機能はMCU上のソフトウエアとして実装されることが多い。組込機器の中に頭脳となるコンピュータがあって、そのコンピュータの中のソフトウエアで、暗号の演算をしているというわけである。

　ところが、計測用のセンサーや、部品を制御するアクチュエーターなど末端機器によっては、低容量、低電力なものもあって、制御用のマイクロチップは搭載しているものの（例えばソフトウエアを動かすOSを搭載しておらず）複雑な暗号演算を行えない場合もある。

　このような場合、マイクロチップの中に暗号計算を行うための特殊な回路を実装して、ソフトウエアではなくマイクロチップの回路（ハードウエア）に直接暗号演算をさせるという選択肢がある。これを称して「暗号のハードウエア実装」という。低容量、低電力でも動く末端の組込機器の場合、暗号演算に限らず制御用のマイクロチップの回路部分に自らの必要とする演算だけをさせて、いわば特殊用途にカスタマイズされたハードウエアの回路をもって中枢のコンピュータ機能（通常はそれなりのパワーと容量が必要）の代替とする場合があるのだ。

　このように暗号機能の一部または全部を回路（ハードウエア）に置き換えたマイクロチップの場合のセキュリティ上の脅威は、コンピュータ型のマイクロチップと明確な違いがあることは押さえておかなければならない。

　OSを搭載したコンピュータ型のマイクロチップの場合、通常の脅威は論理インターフェースからやってくる（正当な使用者になりすましたハッカーが、USBやEthernetなどの接

続口からウイルスやマルウエアを感染させる)のに対して、演算機能を回路(ハードウエア)に依存しているマイクロチップの場合、回路そのものにプローブという針を刺して中の信号を計測する物理的な侵入攻撃や、回路の演算過程で漏出する電磁波や電力波を間接的に計測して、その波形を分析することで、中の演算過程の情報(暗号鍵など)を推測する方法(非侵襲攻撃)などコンピュータとソフトウエアの世界とは異なったいろいろな攻撃手法が知られている。IoT時代にシステムの構成要素となる末端機器の場合、論理インターフェースからの攻撃だけではなくこれらの物理攻撃や非侵襲攻撃などにも対処する、新しいセキュリティ対策が必要となるのである。

[第3章]

情報セキュリティの要は「暗号機能」への理解 良質の暗号モジュールをつくることがハードウエアを守るための基本

第3章と第4章では、ハードウエアセキュリティをめぐる2つの観点を、それぞれ解説していきたい。まず、第3章では、IoTセキュリティを、半導体チップを基幹とするハードウエア「で」守る方法について述べる。ここでは、とくに低リソースの組込機器の世界では、従来のソフトウエアやネットワークの世界で有効であった情報セキュリティの手法が必ずしも有効ではなく、暗号処理専用の回路を実装した半導体チップによってIoTシステムのセキュリティを守っていく必要があること、およびこの稿の筆者を含む研究グループが、国の巨大研究プロジェクトの一部として開発したソリューション（SCU＝セキュア暗号ユニット）について述べる。

　なお、第4章では、ハードウエア「で」IoTシステムを守るだけではなく、その手段であるハードウエア（暗号搭載の半導体チップ）そのもの「を」第三者の攻撃から守らなければならないこと、およびその方法とセキュリティを保証する社会制度などについても述べる。

3.1　共通鍵暗号と公開鍵暗号

　世の中には、暗号は大きく分けて2種類、共通鍵暗号というものと公開鍵暗号というものがあって、前者は簡単でシンプル、後者は複雑。どちらが安全かといえば後者のほう、ということが比較的知られている。

　が、それらがどう違うかということは一般にはあまり理解されていない。そこで本節では、両者の違いについて、少し触れたい。

　まず、よりベーシックな暗号として知られる共通鍵暗号に

ついて述べることにする。

　今日の社会では、暗号化される前の通信文はほとんどコンピュータやワープロなどの機械で書かれており、平文をソフトウエアで数列に変換したものが元のデータであるという前提から出発したい（もちろん手書きの平文や絵で描かれた通信文というのもないことはないが、これらも今日では、一度PDFなどの機械ソフトでスキャンして数列データに置き換えられて交信されている）。さて平文を数列に置き換えたものを素データと呼ぶことにしよう。素データに一定の別の数列（暗号鍵と呼ぶ）を一定の暗号式（アルゴリズム）で乗じたものが暗号文である。この場合、AさんとBさんの間で暗号文が交換されるとすると、AさんとBさんの間では3つのことが了解されていなければならない。

　1つ目は、素データを人間が読める平文に変換するためのソフトウエア（Wordやテキストなど）がなんであるかという了解。

　2つ目は、上記の一定の暗号式（アルゴリズム）がなんであるか（暗号アルゴリズムの名前。AESやDESなど……）という了解。

　そして3つ目は、その暗号文を復号するための暗号鍵がなんであるかという了解。

　AさんとBさんの間でこの3つの了解があって初めて、Aさんは平文を暗号化してBさんに送り、Bさんは受け取った暗号文を平文に変換して読むことができるのである。

　さて、上記の了解のうち1つ目は世間で一般に使われているソフトウエアであることが多いし、2つ目も、世間で認められている安全な暗号アルゴリズムの種類がそう多くあるわ

けではないので、実質的に外部の人に知られていない秘密の情報というのは、3つ目の暗号鍵ということになる。このAさんとBさんが共通で持っている秘密の暗号鍵のことを「共通鍵」と呼んでいる。暗号鍵の数列は長ければ長いほど外部から推定しにくい(共通鍵を知らないCさんが、AさんとBさんの間で交換されている暗号文の中身を知ろうとすれば、力業でコンピュータに数列をつくらせて次々と試してみなければならない)。が、あまり長いと実用的ではないので、現在では、128ビットとか256ビットくらいのランダムな数の列が共通鍵として用いられている。

　もっとも、AさんとBさんの間であまり長い間、同じ暗号の共通鍵を使っていると、不慮のことから外部に共通鍵を知られてしまう危険が増すことになる。上記のCさんが偶然力業で共通鍵を推定してしまうかもしれないし、AさんとBさんのどちらかのコンピュータが悪意ある他者に(ハッキングされて)見られてしまうかもしれない。なので、AさんとBさんの間では、時々共通鍵を違うものに改める(更新する)ほうがより安全なのである。

　それでは、AさんとBさんの間でどうすれば共通鍵を更新することができるのだろうか。

　AさんとBさんが定期的にリアルの世界で面会する機会があるならば、その都度封筒に入れて紙に印刷された共通鍵の数列を渡せばすむのだろうが、暗号文を交換する者同士が距離の離れたところに存在する場合、インターネットや無線通信などでも安全に共通鍵の更新を行えるようにしなければならない。そこで発明されたのが公開鍵暗号という別のジャンルに属する暗号方式である。

公開鍵暗号とは、ひと言で言えば暗号文をさらに封筒に入れて中身を推定できないようにして、インターネットや無線通信で離れたところに送る暗号方式である。

　例えば、新しい共通鍵をBさんと共有したいAさんがいたとする。Aさんはまず自分が持っている新しい共通鍵をさらに公開鍵暗号（例えばRSAとかECCとかいう）という特殊なアルゴリズム（数式）に乗じて、別の数列に変換する。その別の数列はインターネットや無線通信上で第三者に見られても、元の数列（共通鍵）に復号できない特殊な数列である。

　ところがBさんがこの特殊な数列を受け取るとなぜか自分だけは（まるで封筒を開けるように）復号することができて、元の共通鍵を取り出すことができるのである。もちろん公開鍵暗号はただの封筒ではない。Aさんが共通鍵を公開鍵暗号に変換するときには自分のパスワードを入力する。Bさんが公開鍵暗号を復号するときには自分のパスワードを入力する。だが優れものなのは、AさんのパスワードをBさんは知らない。BさんのパスワードをAさんは知らない。つまり公開鍵暗号方式とは「封筒の開け方は自分しか知らない」のにAさんとBさんとの間で暗号通信のやりとりができる方式だということなのである。

　世間で公開鍵暗号がどのように使われているかというと、多くの場合は共通鍵の更新と共有のために使われている。が、もちろん用途はそればかりではなく、公開鍵暗号そのものを用いて暗号文のやりとりをすることもできる。ただし、公開鍵暗号は共通鍵を用いた暗号よりも複雑なアルゴリズムを用いるので、計算量も多く、コンピュータにかかる負荷が

大きい。このことが後述するIoTの世界で組込機器を使用する場合には、大きな問題となる。先に述べた「基本は共通鍵暗号を用いながら、共通鍵の更新に公開鍵暗号を用いる」という、いわば共通鍵と公開鍵の併用方式が多く用いられているのは、じつはこのIoTと組込機器の分野なのである。

　本節の最後に、それぞれの暗号方式として具体的にはどのようなものがあるかについて、少しだけ紹介しよう。共通鍵暗号では、DES（Data Encryption Standard）が1976年11月に米国政府規格として標準化され、改良されながら長く（実市場では2010年代頃まで）使われてきた。しかし、さすがに長い時間を経て学会などでこの暗号を破る実績が多く出てきたので、米国政府は新たな公募を行い、2001年からAES（Advanced Encryption Standard）が規格化され、実市場においても次第にDESと交代するようになっている。現在では、AESの共通鍵256ビットを用いた方式であれば当分の間はほぼ安全に運用できるとされている。公開鍵暗号では、民間のRSA社が開発したRSA方式と、米国政府が規格化したECC（楕円曲線暗号）方式が実市場で併用されている。また、前述の「公開鍵暗号そのものを用いて暗号文のやりとりをする」ための暗号方式としてはPGP方式などがよく普及している。

3.2　暗号のハードウエア実装

　組込機器を電子的な計算で制御する方法は、多様であるが、大別すれば機器のリソースによって3段階くらいに分かれる。

まず、組込機器をコンピュータそのものによって制御する方法。

この場合のコンピュータとは、汎用計算機の上にOS（WindowsやLinuxなど市場でよく知られたオペレーティングシステム）を載せていて、機器を制御するアプリケーションソフトウエアは、そのOS上で動くものをいう。この場合の組込機器は、いわばパソコンによって制御されているのと全く同じであって、制御用の計算機を動かすためには十分な電力やある程度の場所が必要である。最近市場で普及している汎用OSを載せた最小に近いサイズのコンピュータとしては、Raspberry Piなどが知られているが、およそ数センチ角の葉書大ないし名刺大程度のボード上に搭載されている。こうした小型サイズのパソコンを用いて、一定程度の電力を供給しながら組込機器を制御する場合は、例えば工場生産用ロボットであるとか、農業用のトラクターであるとか、機器そのものが複雑で大きい場合が多い。同じ複雑で大きい機器であっても、例えば乗用自動車や空を飛ぶドローンなどの場合は、市場の競争が激しく個々の部品のサイズダウンを厳しく要求されることもあって、OSを載せたPCによって制御される例は少ない。

次は、ICカードに用いられるくらいのマイコンによって制御される場合である。

この場合、マイコンはWindowsやLinuxなど市場でよく知られたオペレーティングシステム＝汎用OSを載せていない。ICカードのソフトウエアでも高等なものはJavaScriptなどで書かれている場合もあるが、いずれにしてもあるアプリケーションに特化した専用OSを載せているか、あるいはOS

を用いずに直接一連のコマンド（命令）の数列を組んでソフトウエアとして搭載しており、その命令の体系上で動くように設計されている。余談になるが、この稿の筆者はながくICカードの世界に暮らしてきて、主にISO7816という標準的なコマンド体系の用語を使うエンジニアに慣れてしまったので、コンピュータ用の汎用OSを駆使するソフトウエアエンジニアの言葉に初めのうちは慣れず、言葉の違いに苦労したことがある。

　さて、多くの小型の組込機器は、このタイプの専用マイコンによって制御されている。なぜなら、最初の場合の汎用OSを用いたコンピュータは「何でも計算できる」代わりに不要なリソースを食う傾向がある。また最初の場合は、汎用OS上で専門家ではないソフトウエアエンジニアが自由にアプリケーションソフトを書くことができ、さまざまなアプリケーションツールが市場で用意されているなど、開発面では有利である一方で、マイコンを載せたチップを大量に生産しようとする場合には、明らかにコスト面で2番目の専用マイコンタイプのほうが「無駄が少ない」ので有利となるのである。つまり専用マイコンタイプは、（大量生産される場合には）組込機器の用途に応じた最適のソリューションを提供することができるのである。ちなみにこのタイプの専用マイコンを搭載したチップの大きさは、おおむね切手大か、それより小さい。

　最後の場合は、センサーデバイスなどの超小型組込機器に用いられる最低限の制御機能を持った一連の回路を載せたチップである。これを超小型専用チップと呼ぶことにしよう。

この場合の制御機能とは、例えばスイッチのon, offとか、一定の短い情報をセンター側に送信するとか、極めて限られている。計算機能も必要最低限に限られ、ロジックとしては極めてシンプルな回路によって表現されており、マイコンの出力も小さく、大きさも数ミリ角程度である。このような超小型マイコンの場合、外部からの電源供給やバッテリー蓄電などに頼らず、電源を太陽光発電などのエネルギーに頼る場合もある。

　このような超小型マイコンを搭載したチップによって制御される組込機器は、「組込機器の部品」である場合もある。例えば、前述の工場生産用ロボットの例でいえば、ロボットそのものを制御するためには、汎用OSを載せたパソコンを用いるかもしれないが、その先のロボットの「眼」に当たるセンサー部分を制御するためには、この場合のような超小型専用チップを用いるというわけなのである。車の自動運転をするときの「眼」にあたるセンサーデバイス、宇宙用の衛星に搭載されるカメラや監視カメラの「眼」の部分にあたるセンサーデバイスなどの制御も同様である。

　以上のように、組込機器といってもその範囲は広く、用途によってさまざまな演算器によって制御されていることを述べた。が、第2章で述べたように、IoTの時代には、これらのパソコン、専用チップ、超小型チップなどの制御用機能を担うメカニズムが、どれでもみんなインターネットに接続されるために、それなりのセキュリティ機能を具備しなければならないのである。

　そこでこれらの制御用のメカニズムにどのようにセキュリ

ティ機能を具備させていくかについて考えていくことにしよう。

 情報のセキュリティを守るということは、電子機器の通信や計算の機能を、悪意の第三者の介入から守るということである。このためには、交信相手の正当性（交信相手が正しい者であって悪意の第三者ではないこと）を確認するため、あるいは制御メカニズムに搭載されるアプリケーションソフトウエアそのものを悪意の更新改竄から守るために、通信文に電子署名を付す機能であるとか、通信文を外部の改竄や盗み見から守るための暗号化する機能など、暗号計算の機能を用いることが必要となる。

 上記の組込機器の場合、「第一の場合」では、制御機構はコンピュータであるので、ソフトウエア、ネットワークの世界の技術をそのまま転用することができる。例えばルーターなどのファイアウォールと連携したネットワークセキュリティの方法をそのまま使うことができるのである。また、すでに述べたようにこの世界でのセキュリティの脅威は、ほとんどコンピュータの論理インターフェースを通じてやってくるので、いわゆるハードウエアセキュリティの防御策を講じる必要もとくにないのである。

 が、「第二と第三の場合」は、組込機器の制御機能に搭載されるアプリケーションソフトウエアばかりではなく、暗号機能も専用化されているので、これまでのソフトウエア、ネットワークの世界のセキュリティでは不十分な場合がある。「第二と第三の場合」には、暗号計算の機能はチップ上にアプリケーションソフトウエアと並んでソフトウエアとして搭載される場合もあるが、計算効率を上げるために、暗号計算専用の回路をハードウエアとして設計して、チップの

ハードウエア部分に組み込む場合も多いのである。これを暗号のハードウエア実装という。つまり、「第二と第三の場合」においては、少ない電力と限られたスペースを有効に活用するために、アプリケーション機能も暗号機能も専用化が図られ、そのことはチップの実装においても、ソフトウエア実装ばかりではなく、ハードウエア実装を用いることも多くあるということなのである。このうち暗号機能の一部を回路化してハードウエアで実装することを「暗号のハードウエア実装」と呼んでいる。

3.3 SCUの開発

3.1節において、共通鍵暗号方式による暗号の運用は、一定の期間を経過するうちに共通鍵を外部に知られてしまう危険があり、定期的な鍵の更新が必要であることを述べた。さらに定期的な共通鍵更新を行うためには、公開鍵暗号方式によって前記の共通鍵を暗号化し、暗号文を交信するもの同士が新しい鍵を送り合うことによって、安全な鍵更新を行うことができることを述べた。だが、一方で公開鍵暗号方式を運用するための暗号計算は、複雑で大きなリソースを必要とするので、今から10年ほど前までは、組込機器の制御用マイコンに、公開鍵暗号の計算機能を搭載することは（リソースを食いすぎるので）あまり現実的ではないと思われてきた。実際、組込機器に暗号機能を搭載すること自体が、3.2節でいう「第二、第三の場合」ではなかなか難しく、世間で最もよく用いられている標準的な共通鍵暗号方式であるAESでさえも、「計算量が重過ぎる」とされて、AESに代わるもっと軽

量な共通鍵暗号方式（軽量暗号と呼ばれている）を模索する動きすら市場の趨勢である時期もあったのである。

そのような事情の下で、「いつでも、どこでも公開鍵暗号を使える」状況をつくることこそが、IoT時代の情報セキュリティを守るうえで必要なことだと考える、学者と企業のグループがあらわれた。

2015年、横浜国立大学松本 勉、東京大学池田 誠、神戸大学永田 真そのほか数人の学者グループと電子商取引安全技術研究組合、ルネサスエレクトロニクス、セコムなどの企業グループは、日本国政府が公募した、「戦略的イノベーション創造プログラム（SIP）／重要インフラ等におけるサイバーセキュリティの確保／（a4）IoT向けセキュリティ確認技術（IoT向けセキュリティ確認技術の研究開発）」（通称SIP第1期という）に応募し、組込機器用に使える公開鍵暗号方式の半導体モジュールの研究開発に着手したのである。

この研究開発においては、以下を事業目的として掲げた。

IoT (Internet of Things) は、あらゆるモノがネットワークにつながることによって、新しい価値を創造する情報社会を意味する概念である。IoTシステムのセキュリティを確保するためには、本質的には、暗号技術を利用した構成機器間の相互認証が必須の条件となる。

しかし、実際のIoTシステムにおいて、暗号による機器間相互認証を行えている事例はまだ少ない（2014年7月HP社調査によれば、IoTシステム構成機器の内、暗号機能を使用していない比率は70％とされる）。

その理由は、

- IoTシステムが普及して日が浅いこと
- 末端の機器がリソースに乏しいこと
- 攻撃を受けた例がまだ少ないこと

などである。

だが、今後、IoTシステムへの攻撃事案は飛躍的に増加することが見込まれる。

とりわけ、次の二つの事例については、注意が必要である。

- 重要な資産を保護し、セキュリティを必要とするIoTシステム（例:警備、医療、自動車、ロボット…）が攻撃される。
- IoTシステムが、重要な資産を保護し特にセキュリティを必要とする重要インフラ等のシステムに接続していて、IoTシステムの末端機器から侵入を受け、重要インフラ等が攻撃される。

本研究開発においては、これらの事例にとくに着目しつつ、IoTシステムにおける構成機器間相互認証のためのキーデバイスとなる、耐タンパー性を具備するセキュア暗号モジュールを開発し、それを活用したモデルシステムを構築することを目的とする。

「戦略的イノベーション創造プログラム（SIP）／重要インフラ等におけるサイバーセキュリティの確保／（a4）IoT向けセキュリティ確認技術（IoT向けセキュリティ確認技術の研究開発）」実施計画より

この研究開発の構想では、これまでの世の中で実現されてこなかった2つの課題にチャレンジしようとしていた。

1つ目は、公開鍵暗号方式の一つである楕円曲線暗号（ECC）の暗号計算機能を、ハードウエアの専用回路として設計し、暗号エンジンとして実装することにより、従来のソ

フトウエアによる暗号計算では実現できなかった処理性能を実現すること（組込機器用の専用チップないし超小型チップに実装できるECC専用回路の開発）。

2つ目は、組込機器の制御用のアプリケーションソフトウエアが暗号機能を使おうとする場合に、必ずアクセス制御機構を通して、悪意の第三者が暗号機能を使うことを阻止するメカニズムを実装すること。

前者が、第3章の主要テーマである、ハードウエア「で」IoTシステムのセキュリティを守るための画期的なソリューションであるとすれば、後者は第4章のテーマに関連する、ハードウエア（半導体チップ）自身「を」外部の攻撃から守るための方法の提供であるといえるだろう。

この2つの課題の実現によって、世界でも類例をみない公開鍵暗号を計算できる暗号モジュールを開発し、これをSCU（Secure Cryptographic Unit）と名づけることにしたのである。

SCUを搭載した半導体チップ（SoC）の模式図

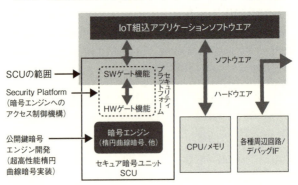

66ページの図は、SCUを搭載した半導体チップの模式図である。ここで、実線の枠の内側が、研究開発の対象となるSCU（モジュール）の範囲である。このうち（超高性能楕円曲線暗号実装）と書かれた部分（暗号エンジンの一部）が1つ目の研究課題、点線の範囲内（暗号エンジンへのアクセス制御機構）が2つ目の研究課題となる。

　1つ目の課題については、おもに東京大学の池田 誠教授の担当の下に、公開鍵暗号方式の一つである楕円曲線暗号（ECC）方式の暗号アルゴリズムをハードウエア回路で実装する研究が進められ、極めてシンプルで画期的な暗号演算回路を実現することができた。この回路は、それまで世界の学会で発表されたどの実績値より、最小サイズ、最小消費電力で実現する世界記録を達成。また、同じ技術を用いてそれまで世界の学会で発表されたどの実績値より高速の世界記録を達成した。

　2つ目の課題については、おもにルネサスエレクトロニクスの担当の下で、研究が進められた。このアクセス制御メカニズム（セキュリティプラットフォームと呼称）は、半導体チップ上のアプリケーションソフトウエアが、セキュリティ機能として暗号を用いようとするときに、自らが必ず正当なものであることを証明しなければ下位部の暗号エンジンを用いることができない機構になっている。しかもその機構は低リソースの秘密のハードウエアゲートという回路部分とそれを制御するソフトウエアゲート部分の組み合わせで構成している。さらに、外部から書き込まれる新規の暗号鍵自体がこのセキュリティプラットフォーム内では暗号化されて格納されるので、鍵を攻撃されて読み出される可能性が、極小化す

SCUは楕円曲線暗号処理で、世界記録を達成

- ECDSA（楕円曲線暗号）の処理において、世界最小、世界最少消費電力、世界最速の個別記録を複数試作品でそれぞれ達成。
  これにより、すでに国際的に流通しているセキュリティカーネルと比較し決定的に小サイズの暗号ユニットを製造することが可能な技術を得た。
- IoT用の小さな組込デバイスにも、公開鍵暗号を実装することを可能とした。

	Platform	#Gate [KG]	Area [mm²]	#Clk	Vdd [V]	Freq [MHz]	Tsg [ms]	Pow. [MW]	E [μJ]	Enc/ kG	Enc/ μJ
KM14	65nm	13 (Smallest ever reported)	0.03	19.4M	0.45		800	0.092	74		
					0.75	77	279	0.58	161		(Lowest power ever reported)
					1.2		141	3.2	448		
KM15	65nm	1,580	5.64	6.9k 〜 7.5k	0.45	35.7	0.21	0.092	15.6	3.28	
					0.75	98.7	0.076	123	9.32		
					1.4	240	0.0313	1,227	38.7		
SC02用 ECC エンジン SM17	65nm	314	550μm × 450μm	1,036k			10	80	(Fastest ever reported)		
[1]	Stratix II (90nm)	9,177ALM +96 DSP	-	107k	-	157	0.32	-	-	-	-
[2]*	90nm	540	2.72	22.3k	-	131	0.17	-	-	10.9	
[3]	65nm	1,370	1.92	34.7k	0.25		11	0.15	1.68	0.07	54.1
					0.3		2.3	0.69	1.68	0.32	259
					1.1		0.33	42.9	13.9	2.21	218
[4]*	65nm	2,500	-	15k		236	0.06	-	-	6.67	-
[5]	AMD EPYC7601 (14nm)	NA (64-thread)	NA	157.4	-	2.2- 3.2GHz	0.072	180,000	12,900	-	-

- SC02用 ECCエンジン SM17　SIP第2期において、社会実装向けに最適化
- #Clk 1036K
- #Gate 305kG（コア部分）
- 314KG（SM17のECC部分）
- Area 550μm x450μm
- シミュレーションで10msec/署名生成 80mW

出典：[1] N. Guillermin, CHES 2010, pp. 48-64, 2010,
　　　[2] S.C. Chung, ISCAS2012, pp. 1456-1459, 2012,
　　　[3] M. Tamura, IEICE T. Fund. v. 99EA, No. 12, pp. 2444-2452, 2016,
　　　[4] M. Tamura, A-SSCC 2016, pp. 341-344, 2016,
　　　[5] bench.cr.yp.to/results-sign.html, Oct. 2018　*: Synthesis results

る等のすぐれた機能をもっている。世界の市場では、組み込み用途の半導体チップ上に搭載されるアプリケーションソフトに、暗号機能を提供するために、あらかじめハードウエア実装の暗号ライブラリを準備しているような製品は存在するが、このセキュリティプラットフォームのようなアクセス制御メカニズム（暗号機能を具備したハードウエア「を」守る機構）まで準備している例はほぼないといってよい。

3.4　SCU搭載チップの開発

SIP第1期の研究プロジェクトによって、半導体チップ上のモジュールであるセキュア暗号ユニット＝SCUの開発に成功した私たちは、そのSCUを半導体チップ上に実装し、実際のアプリケーション上で動かしてみせる必要があった。そのために選んだのが、すでに市場で商品として稼働している某社の監視カメラシステムであった。そこで、その監視カメラシステムに用いられている半導体チップをボード上に実装し、その上にパーツとしてのSCUを実装した別のボードを配置して両者を接続する方式で（私たち研究者の間では通称「親亀・子亀方式」と呼んでいた）、SCUを実際のアプリケーション上で動かしてみせるデモンストレーションを行うことにした。

このデモンストレーションは成功した。従来の監視カメラシステムでは、複数配置された監視カメラの1つが攻撃されて、監視センターで当該分のカメラがカバーしている視野がブラックアウトしてしまう（その暗転した視野部分をくぐり抜けて攻撃者が侵入する）のに対して、SCUを実装したシス

テムの場合、複数配置された監視カメラの1つが攻撃されるとSCUの機能によって攻撃を受けたカメラの周囲のカメラが自動的に角度を変えてブラックアウトした部分をカバーし、侵入者を監視センターで検知できることを実証したのである。

このデモンストレーションは、SIP第1期の各研究プロジェクト合同で行われた広報イベントにおいて、多くの来客の関心を引いた一方、興味を持っていただいた来客のほとんどはなんらかのIoTシステムのユーザーであり、私たちが、モジュールであるセキュア暗号ユニット＝SCUの販売先として想定していた半導体製造企業ではなかった。そして、関心を持ってくれたIoTシステムのユーザーからの質問は、「SCUを実装した量産型の半導体チップはいつ市場に提供されるのか」「その価格は？」に集中した。一方で、私たちがそのIoTシステムのユーザーに、適当な価格でSCUを実装した半導体チップが提供された場合の調達数量について目安を尋ねると、1社のユーザーでは到底量産ロットに達しないことも分かった。

その結果、私たちが考えたことは、

・誰かが、SCUを搭載した量産型の半導体チップを市場に提供しない限り、SCUを市場に普及させることは困難である（せっかく研究開発に成功しても、「いつでもどこでも公開鍵暗号を使える社会」は実現できない）。

・一方で国内の半導体製造企業が、モジュールとしてのSCUのIP（知財）を購入し、細かいユーザーのニーズを集めてきて量産型の半導体チップを開発するのには、隘路(あいろ)がある。

- 昨今の日本の半導体製造企業は、ロジック半導体の開発・製造に消極的となっており、製造に取り組む場合にも1社で大ロットを発注するユーザーを優先しがちである。
- かなり単価の高い組込製品を、特殊な用途で開発しているシステムユーザーが、SCUをIPで購入し、半導体製造企業に製品を製造させるケースは、まれだが想定できる。
- SCUを市場に普及させるためには、私たち自身がさらに研究開発を継続し、少なくとも量産品のプロトタイプとなるSCU搭載半導体チップの試作・開発までを成功させなければならない。
- さらに上記の試作・開発と並行して、既存の半導体製造企業に頼らないでSCU搭載半導体チップを市場に提供するビジネスモデルの検討や、小ロットのユーザーに多数同時に同種のSCU搭載半導体チップを提供できる製品企画を進めなければならない。

　私たちは、このような考えから、研究チームを再編成するとともにSIPの第2期にあたる大規模な国の研究開発プロジェクトに応募し、SCU搭載チップの量産型プロトタイプ開発と社会実装に取り組む研究を継続することにし、幸いにも採択された。正式名称「戦略的イノベーション創造プログラム（SIP）第2期／IoT社会に対応したサイバー・フィジカル・セキュリティ／（A1）IoTサプライチェーンの信頼の創出技術基盤の研究開発」がそれである。

　私たちが、この研究開発の事業概要として掲げたのは、次のとおりである。

IoTの末端ノードにおいても楕円曲線ディジタル署名など

の公開鍵暗号技術を導入できるようにすることが、IoTのセキュリティを抜本的に高めることにつながる。

しかし、従来、末端ノードでのローエンドのマイコンにおけるソフトウエアだけの実装では、

①電力、処理速度
②暗号プログラムがアプリに割けるメモリを圧迫
③ソフトウエア耐タンパー性実装のオーバーヘッド

といった大きな制約があり、公開鍵暗号の導入は極めて困難とされていた。

このため、現状のIoTシステムは、中間ノードから上位ノード（クラウド）の間のネットワークだけで守るという発想でシステム運用がなされている場合がほとんどである。

しかし、本格的なIoT化が進行するにつれて、末端ノードからのマルウェア侵入等の脅威はますます現実のものとなってきており、末端ノードを守らずにIoTシステムのセキュリティを守ることは不可能と言える時代になってきた。

そこで、本研究開発提案の主要メンバーは、戦略的イノベーション創造プログラム（SIP）第1期において、セキュア暗号ユニット（SCU）構築技術の研究開発に取り組んだ。

SCUとは、ハードウエアの暗号エンジンと、ハードウエアとソフトウエアからなるセキュリティプラットフォームから構成される。典型的にはマイコン等に内蔵されて使用される。

SCUの開発指針は、末端ノードにおける公開鍵暗号のソフトウエアのみでの実装の困難性をハードウエアで解消し、リソースに乏しい末端ノードに適した低電力性、多様なアプリケーションに対応できる高速性、様々な楕円曲線に対応で

きる汎用性、そして、「信頼の基点」として必要な耐タンパー性を備えるものとすることであった。

既にSIP第1期の研究開発を通じて、本提案の主要メンバーは、公開鍵暗号の一つである楕円曲線暗号を実装したシステムLSIチップ向けのセキュリティIPとして、SCUプロトタイプの開発に成功している。

本プロジェクトはこの研究成果を基礎として、市場に実在するアプリケーション分野を想定しつつ、信頼の基点としてのSCUを実装した各種モデルシステムの技術実証を行おうとするものである。これにより、IoTにおけるセキュリティを飛躍的に向上させ、安全・安心な社会の実現に貢献することができる。

私たちは、SIP第2期の研究期間中、SCU搭載チップとして、次の3種類のプロトタイプ試作品を開発した。

ID	評価完了	ベアチップサイズ	機能	技術実証	到達目標
SC01	2021年3月	4mm×6mm	低速SCU/SM14搭載サイドチャネル攻撃対策済みECC実装	実験室内モデルシステムでの実証ボードレベル	SCUを搭載したプロトタイプチップとシステムの技術実証

SC01の開発では、SCUの競争力の原点である極小型の組込機器への実装を想定して、「世界最小の記録を持つECC回路」を実装したSM14というタイプのモジュールを搭載したチップをまず試作することにした。ただし、試作品は国内某製造工場の135nmという旧式の製造ラインを用いたので、

ベアチップのサイズは4mm×6mmと比較的大きいものとなったが、量産時により新しい、もっと回路幅の細い（例えば、これ以降の試作で用いた40nmくらいの）ラインで製造すれば、チップサイズはほぼその２乗に反比例して小さくなると見込んでいた。初回の試作で国内某製造工場の135nmラインを用いた理由は、量産タイプの試作に踏み切る直前まで、開発した技術を国内に留保しておきたいという思惑もあった。

ID	評価完了	ベアチップサイズ	機能	技術実証	到達目標
SC02	2022年3月	3mm×3mm	中速SCU/SM18搭載サイドチャネル攻撃対策済みECC・AES実装	2022年度に第1世代セキュリティアダプターに実装し、社会実装候補先で実証実験予定	SCU部分の最適化コネクターシステムの中核となるセキュリティアダプターのフィジビリティ確認

　SC01の試作開発は成功を見たが、一方で、評価試験を行った結果、処理速度が遅く、実用に適さないこと、内部の暗号処理に用いる共通鍵暗号にサイドチャネル攻撃への対策（詳しくは第4章参照）を施していないこと等の課題を解決する必要があることが分かった。また、SC02の試作開発を行うこの時点では、3.5節に詳述するアプリケーション（「セキュリティアダプター」）が、すでにSCU社会実装計画のテーマとして現実化しており、そのフィジビリティを確かめるための試作という意味もあった。SC02の評価試験の結果は、上記の観点からも満足すべきものであったが、上記のアプリケーションを市場に普及させるためには、工場制御機器

等の外部インターフェースに汎用的に用いられているEthernetのポートを持つ必要があることが指摘された。SC02はこれらの課題を解決するために試作開発された。

ID	評価完了	ベアチップサイズ	機能	技術実証	到達目標
SC02 ver.2	2022年12月	4.3mm×4.3mm	・中速SCU/SM18搭載 ・サイドチャネル攻撃対策済みECC・AES実装 ・SCU外部の通信IF等の最適化による暗号処理速度の向上 ・データファイル様式に依拠しないデータ署名検証	第2世代のセキュリティアダプターに実装し、試作に成功すればアダプターを商用化する見込み	・SCU搭載チップ全体としての最適化 ・「セキュリティアダプター」を用いたシステム事業全体としてのフィジビリティ確認

　SC02ver.2は、SC02をベースに、Ethernetのポートをインターフェースとして増設し、これを運用するために市販のスイッチ制御チップを併用することを想定したソフト改造を行うとともに、SC02ver.2を前提とした鍵管理システムそのほかの外部ソフトウエアの開発も行い、「セキュリティアダプター」を用いたシステム事業全体としてのフィジビリティを確認した。

3.5 SCUの社会実装～「セキュリティアダプター」を基幹とするシステムの開発

　前節の半ばにおいて、SIP第2期の研究開発に取り組むに当たり、私たちが「小ロットのユーザーに多数同時に同種のSCU搭載半導体チップを提供できる製品企画を進めなければならない」と考えたことを述べた。

　大企業である国内の半導体製造企業の場合、「ロジック半導体の開発・製造に消極的となっており、製造に取り組む場合にも1社で大ロットを発注するユーザーを優先しがちである」ことも述べた。それでも、これら企業が一応汎用の半導体チップの商品ラインを持ち、市場に提供できているのは、これら企業がまず「1社で大ロットを発注するユーザー」の発注を得て、ロジック半導体チップの開発実績を持ち、その実績をベースとして汎用の半導体チップの商品ラインを形づくっているからではないかと考えられる。つまり「はじめに大ロットの単品発注ありき」でなければ、なかなか汎用製品を市場に提供するのは難しいと思えるのである。

　ひるがえって、SCU搭載チップの場合はどうか。私たちが想定する、工場制御（factory automation）のシステムにしろ、医療システムにしろ、セキュリティを必要とするIoTシステムは、多数のメーカーの、製造時期も異なる、標準化されていないさまざまの組込機器によって構成されている。このようなシステムの構成要素の一つである特定の組込機器メーカーが、仮にSCUの技術を評価してくれて、自社製品のしかも新しく開発される世代にSCU搭載チップを実装してくれても、それだけで工場や病院のIoTシステム全体のセ

キュリティを守ることはできない。IoTシステム全体のセキュリティを守るためには、システムの構成要素となっているすべての機器にSCU搭載チップを実装する必要があるのだ。このことは明らかに「はじめに大ロットの単品発注ありき」の発想とはなじまない。むしろ真逆のことを実現する必要があると言わなければならない。

そこで私たちが考えたことは、「どんな（古い世代のものも含めて）組込機器にもSCUの機能を実装する方法」であった。以下に説明する「セキュリティアダプター」開発の構想がそれである。

セキュリティアダプターを用いたシステムの考え方

・例えば、多様なセンサー・アクチュエーターデバイスで構成される工場制御システム等を想定
・ただし用途は工場に限らず、医療システム、スマートビル、スマートホーム、オフィス等多様
・システムの構成要素となる各組込機器のEthernet端子部にSCU搭載チップを内蔵した外付けの「セキュリティアダプター」を付属させる
・これにより、レガシーシステムの組込機器を入れ替えることなく、システムのセキュリティを担保する

この構想においては、IoTシステムの構成要素となる個別の組込機器から、HUBや通信機器等を経てシステムを管理するセンターに至るすべての機器にセキュリティアダプターを連結し、機器同士がお互いの「身の証し」を立て合う代わりに、一度相互の機器間認証が成功してセッションが確立する

セキュリティアダプター

- SIP第2期の研究開発において、SCU搭載チップとしては、市場の実用に供せる水準のものを開発できた
- が、個別の組込機器ベンダーのアプリケーションをかきあつめて、量産ベースまでのチップ受注量をつくるには時間がかかる
- そこで市場のさまざまなシステムに汎用的に使用可能なアプリケーションとして、「コネクター端子」へのSCU搭載チップ実装を構想した
- 当面は機器のインターフェース部に「セキュリティアダプター」を実装するソリューションを構想

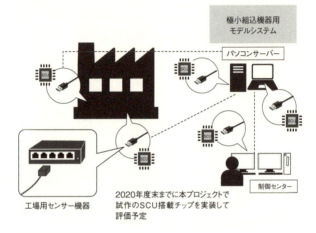

IoTシステムを構成するすべての機器のインターフェース端子（SCU搭載チップを実装）
→ ケーブル端子に SCU 搭載チップを実装するのではなく、Ethernet ポート部に SCU 搭載チップを実装したアダプターを連結する方法で商品化を図る

と、そのセッションが行われている間は、データをランスルーで交信できる「機器間認証方式」と、ネットワークの中間ではどのような攻撃を受けてもかまわないが、両端の端末組込機器とセンターサーバーとの間で交信されるデータについては署名検証またはデータの暗号化を行ってセキュリティを担保する「データ認証方式」の2種類のソリューションを用意した。

セキュリティアダプターのイメージ

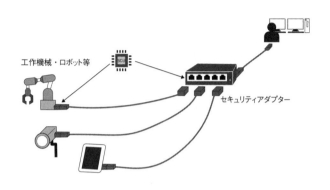

「機器間認証方式」は、セッション確立後のデータ処理スピードが極めて速く、映像等の伝送にも向いている特徴がある一方で、システムに装備すべき「セキュリティアダプター」の個数が膨大になること、およびセッション交信中にネットワークの中間で第三者の攻撃を受けたときのセキュリティ確保にやや難点がある。

「データ認証方式」は、システム末端の組込機器にセキュリティアダプターを連結し、センターサーバー側（高速高電力のコンピュータを想定）ではソフトウエアによってSCU機能と同等の処理を行えば、セッション交信中の攻撃への対応も含めて、極めてスマートにIoTシステムのセキュリティを守ることができる一方で、データの署名検証や暗号化に要す

SCU 機能による機器間認証とデータ認証

■「機器間認証(専用回線化)」タイプ

ネットワークのすべての IF 部に SCU 搭載コネクター(アダプター)を装着し、伝送路を専用回線化してセキュリティを担保

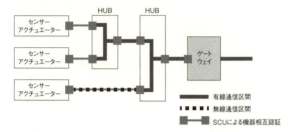

■「データ認証」タイプ

ネットワークのすべての IF 部に SCU 搭載コネクター(アダプター)を装着し、伝送路を専用回線化してセキュリティを担保

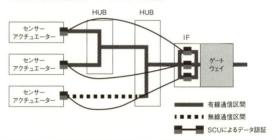

- どちらのタイプも、SCU 搭載コネクター(アダプター)をIF部に装着するだけで、既存(レガシー)機器を入れ替える必要はない
- SCU 搭載コネクターは物理的に抜けない構造

る処理速度の遅延という難点がある。

 いずれにしても、セキュリティアダプターを実装するIoTシステムの目的、データ交信の頻度等を勘案して、ユーザー側で上記いずれかを選択できるように、システム設計と関連

するソフトウエアの開発を進めている。

　このセキュリティアダプターの開発は、2024年3月までのSIP第2期研究開発期間中に、プロトタイプの試作開発を完了し、2024年から実用化実証試験（PoC=Proof of Concept）の段階に進んでいる。

[第 4 章]

IoT時代に求められる「暗号」防衛術 ハードウエアの脆弱性とソリューション

第4章では、暗号処理機能を具備した半導体チップ自体「を」、外部の攻撃から守る方法について述べていきたい。本章においては、主に2つの攻撃分野とその対策に関するテーマについて述べたい。

　第一のテーマは、従来ICカードに搭載された半導体チップへの攻撃類型として整理されてきた、実際のフィールドにおける第三者の攻撃の類型とそれへの対策について述べる。この攻撃類型は、攻撃を受けるハードウエア側から見た言い方として「ハードウエアの脆弱性」の問題といわれている。

　第二のテーマは、昨今注目されるようになった「ハードウエア・トロージャン」の問題、すなわちハードウエアやIoTシステムのサプライチェーンのいずれかの場面で、第三者によって悪意のある微細回路等が混入される脅威とそれの検知手法、そして防御対策についてである。

　本章では、これら2つのテーマを、いくつかの節に分けて解説していくことにする。

4.1　「ハードウエアへの攻撃」、その歴史と風土

　まず、ソフトウエア・ネットワークのセキュリティと、ハードウエアのセキュリティのどこが違うかについて述べたい。そのことを考えるうえで、(感覚的ではあるが)大事なポイントは米国と欧州のセキュリティ風土の違いだと筆者は考える。

　米国の情報セキュリティの歴史は暗号解読の歴史といっても過言ではない。第二次世界大戦の最中、米軍は空を飛ぶ各国の無線通信の暗号文を傍受して、その解読を試みた。ある

場合には、敵国の大使館から（「色仕掛け」などの手段を用いて）暗号機械を盗み出し、盗んだ機械を用いて傍受した暗号文を解読することもあった。が、多くの場合は、傍受した暗号文を、何千人ものスタッフが機械式計算機などを用いて力業で解析し、解読した。その結果は例えば、日本が米国に宣戦布告をする電報を、当の日本国の駐米大使館より先に知ってしまったり、ミッドウェー島に日本の機動部隊が来襲することを予知したり、連合艦隊司令長官山本五十六大将の飛行スケジュールを知って乗機を撃墜したりと多くの戦果を挙げた。第二次世界大戦の後半には初期の電子計算機が発明されて、人力による力業の暗号解読からその役割を引き継ぎ、今日のコンピュータ社会の先駆けとなったことはよく知られている。

　一方、欧州の暗号の歴史は、ローマ帝国や中世キリスト教の時代に、使者が持参する通信文を暗号化し、他人に見られないようにすることから始まっている。もちろん、使者が手紙を奪われた時のために、手紙の中身をある種の暗号アルゴリズムによって、解読不能にする努力は行ったが、それだけでなく、特殊なインクであぶり出さないと見えない文字で手紙を書く、あるいは暗号の通信文を記載した手紙そのものを隠すということにもかなりの努力を傾注した。暗号文を衣服、靴、杖などの中に見えないように格納し、あるいは日本の箱根寄せ木細工のような「あけにくい箱」を用意してその中に暗号文を格納するような場合もあった。そのような努力が、近代になって結実したのが、ICカード（いわゆるスマートカード）のセキュリティである。

　コンピュータとICカードはともに、計算機能を持つ電子

機器であるが、ある意味で対照的な存在である。まずコンピュータは、のちにパソコンや携帯タブレット、スマートフォンなどが発明されるまでは、室内に鎮座している重量物であって、容易に盗み出してそれを物理的に解析することは困難であった。一方のICカードは、代表的にはクレジットカードや身分証などとして使われ、多数のユーザーの財布やポケットに入って「いつでもどこへでも」ユーザーと一緒に移動する存在であり、攻撃者がそれを入手することも容易である。コンピュータを攻撃しようとする場合は、インターネットや無線通信から傍受したメッセージそのものを解析するか、コンピュータの外部ネットワークとの出入り口（「論理インターフェース」と呼ばれている）から侵入して、コンピュータ自身の計算機能を盗み出す手口（いわゆる「ハッキング」）が攻撃方法の主流である。が、ICカードの場合には、市販されているカードの読み取り・書き込み機（「リーダライター」と呼ばれる）を用いて「論理インターフェース」から侵入を試みるハッキングの手口のほかに、カードに搭載されている半導体チップ自体にプローブという針を当てて、チップの中の回路の配線を流れる信号を盗み出す、あるいは、チップが暗号計算をしているときに発生する電力や電磁波を観測する方法で、暗号解読のもとになるソースを入手する手口が一般的である。これらを「物理インターフェース」からの攻撃と呼称している。パソコンや携帯タブレット、スマートフォンなどが普及した今日といえども、コンピュータに対する攻撃の大多数は「論理インターフェース」経由のもので、誰もコンピュータの筐体を壊して、中の半導体を直接解析しようとする者はいない（できないからではなく、非効

率な攻撃方法であるから）のに対して、ICカードに対する攻撃は、むしろ「物理インターフェース」からのもののほうが一般的である。

このように、主として米国で発達したコンピュータ（のソフトウエア）やネットワークのセキュリティ技術と、欧州から発達したICカードや半導体のハードウエアセキュリティ技術には、重複する部分もあるが、かなりの文化、歴史的な風土の違いがある。我々が「情報セキュリティ」と呼ぶときには、それらの両方が含まれることを、まず知っておくことが出発点となろう。

なお、我が国には、コンピュータとICカードの両方の技術的な伝統がある。我が国では、第二次世界大戦後、大手の電機メーカーがこぞってコンピュータの開発に乗り出したし、ICカードの分野でも、21世紀初頭までは、欧州のカードメーカーに匹敵するシェアと技術力を保持してきた。その意味で、今日情報セキュリティの分野において、やや国際競争で劣勢にあるとはいえ、我が国の情報セキュリティ技術のポテンシャルは、決して低くはないことも知っておきたい。

4.2　物理攻撃

4.2節からは、従来ICカードに搭載された半導体チップへの攻撃類型として整理されてきた、実際のフィールドにおける第三者の攻撃の類型とそれへの対策について述べる。この攻撃類型は、攻撃を受けるハードウエア側から見た言い方として「ハードウエアの脆弱性」の問題といわれている。

まず本節では、半導体チップへの古典的な攻撃手法である

「物理攻撃」について述べる。

　半導体チップは、通常シリコン製の何層かの電子回路が積層されて形成されており、その半導体本体がパッケージと称する外装にくるまれて、ICカードや組込機器に実装されていることが多い。半導体チップへの物理攻撃とは、まずセラミックスや有機材、金属などでできたパッケージ部分を、刃物やFIB（集束イオンビーム）によって剥離し、中身の電子回路をむき出しにしたうえで、電子回路が行っている暗号演算過程を（例えばプローブという細い針を回路の一部に接触させて）観測して、暗号鍵などを盗み出す手法である。

　この物理攻撃を防ぐためには、電子回路の複数の箇所にセンサーを配置し、電子回路に対する外部からの侵入や介入を検知して、異常があった場合に演算を止める、あるいは異常を記録して外部の管理装置などに通報する等の措置をとるなどの方法が一般的である。

　また、そもそもパッケージが剥離された場合に、中身の電子回路が演算を続けられないように電源を切って止めてしまうような防御技術も開発されている。

　上記の外部からの侵入を検知するセンサーは、電子回路を建築物にたとえれば、建物のそこかしこに配置された、監視装置にあたるもので、攻撃者は（建物に侵入する盗人と同様に）まずこの監視装置を制圧して、侵入を検知させないようにするのが、常道である。

　センサーやフィルタは、次のような方法によって制圧できる。

・切り離し（センサー機能を電子回路から切り離す）
・センサーのふるまいを変更する

- 監視対象の条件（電圧など）や監視タイミングのカバレージのずれを見つける

また、攻撃の一段階としてセンサーの作動を悪用するために、センサーが利用される場合もある。このような攻撃は物理攻撃のほかの攻撃ジャンルとして類別されている。

4.3　サイドチャネル攻撃

前節で紹介した物理攻撃は、半導体チップへの最もオーソドックスな攻撃手法として長く知られてきた。が、この攻撃を行うには、それなりに時間とコストがかかる。物理攻撃への防御対策はよく知られており、半導体チップには、前節で述べた防御対策が実装されている場合が多いので、外部の攻撃者が電子回路の演算過程に侵入、あるいは介入するのにはかなりの困難さが伴うからである。

ところが、20世紀末、ポール・コーチャー（Paul Kocher）によって発表されたサイドチャネル攻撃の手法は、半導体チップへの攻撃の時間とコストを飛躍的に節約するという意味で、きわめて画期的なものであった。この方法は、攻撃者が半導体チップへの物理的な接触を一切行わずに、半導体チップの暗号演算の過程で漏出する電磁波や電力などの電位の変化（これをサイドチャネルという）を間接的に観測することを通じて、暗号鍵などの秘密情報を推定しようとする手法である。

この手法は、たとえば、建築物の外から、（建築物に侵入することなく）窓の中に映る明かりの変化を観測することで、中の人間の行いを推定しようとするような方法であり、

電磁波を測る簡単なアンテナや、電力を計測するメーターなど市販されている極めて簡易な道具さえあれば、暗号演算の過程を推定することができるのである。コーチャーは、この方法を実際に人々の面前で実験してみせ、爾来(じらい)半導体チップへの攻撃方法は、その期を画したといわれている(電力消費は、デジタルサンプリングオシロスコープと、半導体を動かすデバイスに直列に取り付けた抵抗器を使用して簡単に測定できる)。

実際、この稿の筆者もコーチャーの提案した方法を追試験してみたことがあるが、半導体チップがいつ暗号演算しているのかをオシロスコープの波形で見ることができ、その波形をいくつも収集してきてパソコンで処理すると、ほんとうに暗号鍵が推定できてしまう。

しかも(筆者がそれを試みたのは今から10年ほど前だが)その後AIが飛躍的に発達したので、波形処理のスピードもものすごい勢いで向上し、攻撃にかかる時間とコストは、ますます節約されて攻撃が容易となりつつある。

なお、サイドチャネル攻撃に対する防御方法は、一言で言えば、上記の「暗号演算過程のナマの電磁波や電力の波形を攻撃者に観測させない」ことに尽きる。このため電子回路の中や、場合によっては回路の暗号処理を制御するソフトウエアに、「電磁波や電力のナマの波形を撹拌(かくはん)する(スクランブル化する)」仕掛けを物理的または論理的に施し、たとえて言えば「建物の窓から漏れる明かりが、人の姿を映さないように」する方法が有効とされている。

また、電磁波や電力の解析に比較すれば攻撃にかかるコストは高いものになるが、エミッション顕微鏡という特殊な計

測器を用いて、半導体チップの演算過程で漏れる光子の動きの変化を計測する方法が最近行われるようになってきた。この攻撃手法は、物理攻撃と同じくパッケージの剥離作業を伴うが、その後にむき出しとなった電子回路をエミッション顕微鏡で観測して、回路の上を流れる光子を観測し、これらを解析する手法である。この方法による解析は、コストは高いものにつくものの、暗号鍵を推定する手法としては、電磁波や電力の解析よりもさらに確実性が高いといわれている。

4.4 故障注入攻撃、攪乱攻撃

前節で紹介した、サイドチャネル攻撃はまったく間接的に、半導体チップそのものには手を触れずに内部の暗号演算過程を解析しようとするものであった。この攻撃手法が一世を風靡し、しばらくあとにようやくサイドチャネル攻撃への防御対策（波形のスクランブル化）が施されるようになると、物理的な外部からの介入とサイドチャネル攻撃による漏出波形の計測を併用する攻撃手法が開発されるようになった。

故障注入攻撃は、暗号演算過程の正しい波形をまず取得したあとで、例えばきわめて強い電力を一瞬注入（電源グリッチ攻撃という）して暗号演算過程を狂わせて同じく電力計測を行い、正しい波形と、誤った波形を比較することを通じて、暗号鍵を推定しようとする手法である。同様の手法としては、電子回路上の暗号演算をしていると思われる場所と、暗号演算をしていると思われる時を特定して、そのときそこに強力なレーザ波を一瞬照射する方法（レーザ攻撃という）

もある。これら故障注入攻撃は、現在実際に攻撃者によって行われている事例がある中では、最もコストと時間と、さらには攻撃者のスキルが必要な、極めて高度な攻撃手法の一つとして類別されている。

故障注入攻撃への防御対策としては、サイドチャネル攻撃への対策である波形のスクランブル化ももちろん有効であるが、ほかに、半導体の電子回路内にセンサーを設置し、外部からの電源グリッチやレーザ照射を検知し、攻撃を受けていると判断される場合には電子回路の演算を止めてしまう方法などがある。

このほかに、ソフトウエアアプリケーションを実行中のICに対して、外部から第三者が半導体チップ上で運用されるソフトウエアに対して行う典型的な攻撃手法としては、

- 読み込み動作中にメモリから読み込まれた値を、外部から介入して変更する
- 半導体チップの揮発性メモリ部に保存されている値を変更する
- 生成される乱数の特性を変更する（例えば、乱数生成器＝RNGの出力を強制的にすべて1にする）
- ソフトウエアのプログラムフローを変更し、命令をスキップする、命令を別の（始めの）ものに置き換える、テストを反転する、ジャンプを生成する、計算誤りを生成する

などの方法が知られている。これらの方法をまとめて、撹乱攻撃と呼称している。

4.5 その他の攻撃手法

これまで述べてきた以外にも、

- 半導体チップの電子回路の中に内蔵される乱数生成器＝RNGに対する攻撃（乱数生成は、暗号演算に用いられる重要な機能で、電子回路の中でランダムな値を生成し、これを暗号アルゴリズムの要素として用いるのであるが、乱数性が損なわれて、一意の数値あるいはいつでも同じような数値が生成されるようになると、暗号の中身を推定できてしまう）
- 半導体チップの電子回路の演算過程を制御するソフトウエアを用いた攻撃（攻撃対象はハードウエアの論理回路だが、論理インターフェースからのソフトウエアを用いて攻撃する（マルウエア、ウイルス等ソフトウエア分野の攻撃手法と重複する）
- 電子回路の中に内蔵されるテスト機能を封止ないし変更することによって、演算の正常な開始などを妨害する攻撃などが、半導体チップへの攻撃手法として知られている。

これまで4.2節から4.5節までに述べた半導体チップへの攻撃手法は、2013年にCC Supporting Document CCDB-2013-05-002 Version 2.9 Application of Attack Potential to Smartcardsとしてまとめられ、その後も後述する国際的な標準ISO/IEC15408（Common Criteria）を運用する際の指標となっている。

4.6　トロイの木馬

　4.6節以下では、第二のテーマである「ハードウエア・トロージャン」（HT）と呼ばれる一連の脅威について述べていきたい。トロージャンとはTrojan horseすなわち「トロイの木馬」の略称である。情報セキュリティの世界では、以前から「トロイの木馬」といわれる一種のウイルス・ソフトウエアが存在していて、政府機関や大企業などのコンピュータ・サーバー内に住み着き、密かに秘密情報を外部の第三者に流したり、あるいはウイルスが住み着いてから一定の時日が経過したあとに、突然宿主のサーバーに襲いかかってその機能を止めたり、暴走させたりすることが知られてきた。この稿の筆者の知り合いの研究機関では、気づかぬままに約3年間の長きにわたって、貴重な研究情報を外部に流出させてしまっていた例もある。

　さて、このようなウイルス・ソフトウエアへの感染による攻撃は、ちょうどギリシアの説話に出てくる「トロイの木馬」が、内部にギリシアの兵士を隠しておいて、深夜になってからその兵士が木馬から出てトロイの町を攻撃した例に似ていることから「ソフトウエア・トロージャン」と呼ばれてきた。「ハードウエア・トロージャン」とは、このような情報セキュリティ上のトロージャン攻撃が、ソフトウエアによるのではなく半導体チップの回路やそれを搭載した組込機器の世界でも起きることから名付けられたものである。この場合の「トロイの木馬」は半導体チップの回路上に組み込まれる微細な「設計仕様にはない」回路や、組込機器のドライバーあるいは機器本体に組み込まれる「悪意ある機能」のこ

とをいう。

　現在、この稿の筆者らが、いくつかの大学、研究機関、企業等とともに進めている国の研究プロジェクト、経済安全保障重要技術育成プログラム（通称Kプログラム）/ハイブリッドクラウド利用基盤技術の開発/半導体・電子機器等のハードウエアにおける不正機能排除のための検証基盤の確立（左記は多数あるKプログラムのうちの一つ）は、半導体〜組込機器のライフサイクルの上流から下流までを4つのフェーズに分けて、ライフサイクルのそれぞれのフェーズごとに、あり得るハードウエア・トロージャン攻撃（半導体〜組込機器への不正機能混入）の可能性を解析し、それへの防御技術とセキュリティ保証技術についての研究を行おうとするものである。以後、この研究プロジェクトを「Kプロ/ハードウエアの不正機能排除」と略称する。

　次節からは、その4つのフェーズごとに、研究開発のあらましを解説していく。が、我々の研究はまだ途上にあるので、次節以下の記述は、内閣府、経済産業省の公表資料である「ハイブリッドクラウド利用基盤技術の開発」に関する研究開発構想（令和5年3月改定版）の「半導体・電子機器等のハードウエアにおける不正機能排除のための検証基盤の確立」部分に基づいたものであることをあらかじめ付記しておきたい。

4.7　半導体設計過程での不正混入

　それでは、最初のフェーズ、すなわち半導体チップの設計過程での不正機能混入について考えていくことにしよう。

一般に、ソフトウエアの場合でもハードウエアの場合でも、開発設計者自身が悪意を持って自身の製品に不正機能を混入しようとする場合、それをセキュリティ評価などによって見つけ出すことは極めて困難とされている。なぜならば、開発者あるいは設計者が定めた設計仕様のほかに何が正しく、何が不正な機能であるかを判定する基準がないからである。

　ただし、現実の世界では、情報製品の開発設計者が悪意を持つことはままあることなので、なにかの基準を求める必要はある。一般的には、その基準とは、開発設計者が公開もしくは顧客に開示している製品の設計仕様ということになる。情報製品に、開示されている設計仕様にはない機能がもし付加されていることが見つかったならば、それはなんらかの不正機能であることが十分疑われるからである。

〔1−1〕半導体 IP 検証

　半導体設計者が、調達を予定する第三者設計 IP に対して必要十分な機能要求の仕様を所定の形式言語で記述して示し、第三者から購入する半導体設計 IP に当該仕様外の機能が混入されていないかを検証するための技術の開発を行う。

「Kプロ/ハードウェアの不正機能排除」に関する研究開発構想〔1−1〕

　現実の市場では、仮に半導体チップの主たる開発設計者に悪意がなかったとしても、設計過程で不正機能が混入する余地がある。その第一は、昨今の半導体の開発設計では、第三者の設計した、IPといわれる回路の一部を（開発者がライセンス料を払って）購入してきて、それを回路の部品として使用し、設計にかかる開発時間とコストを節約するようなこと

が行われている。そのような第三者のIPに不正機能が混じっていないという保証はない。

　そこで、私たちの研究では、第三者IPに、当該第三者が開示している設計仕様にはない不正機能が混入していないかを検証するために、数学的な形式検証といわれる手法を用いて、設計仕様と設計の結果である回路＝第三者IPを論理的に突合して、確認するアプローチをとっている。この手法は、回路の規模が小さい場合には有効に機能することがすでに知られているが、私たちの研究では、その適用範囲をより複雑な回路に拡張適用する方法の開発にチャレンジしている。

〔1－2〕チップ設計検証

　デジタル・アナログ・メモリなどの多様な機能を搭載する大規模な半導体チップに対して、要求外の機能が混入されていないことを、半導体開発に利用される半導体設計ツールを用いて計算機上で検証する技術を確立する。

「Kプロ/ハードウェアの不正機能排除」に関する研究開発構想〔1－2〕

　次の研究テーマは、半導体設計に利用される設計ツール（通常EDAツール＝集積回路の設計自動化支援ツールと呼ばれている）を用いて、シミュレーションにより統計的な手法で不正機能の混入を見つけ出そうとするものである。前記の〔1－1〕が厳密で論理的なアプローチであるが、適用範囲が比較的狭いのに対して、〔1－2〕は統計的手法によるシミュレーションであり厳密さに欠けるが、半導体設計全般を対象とすることができるのが特徴である。

　なお、このテーマと直接の関係はないが、昨今では、半導体設計向けEDAツールのベンダーの数が世界的にみても数

社に限られてきており、「EDAツール自体の設計保証、セキュリティ保証をどうするか」も重要な問題となりつつある。今のところ、この問題へのめざましい解決策はないが、米国など一部のユーザーの中には、一部の限られたEDAツールベンダーに閉じられた市場を維持するよりも、ツールそのものをフリーウエア化してしまったほうがよいという声が上がっていることも紹介しておきたい。

〔1-3〕最先端攻撃・攻撃対抗技術

　半導体に対する最先端の論理攻撃、物理攻撃、サイドチャネル攻撃、エミッション攻撃等に対する耐タンパー性検証技術を開発し、前記攻撃に対抗する半導体実装技術を開発評価する。

「Kプロ/ハードウェアの不正機能排除」に関する研究開発構想〔1-3〕

　この研究テーマは、4.2節から4.5節までで紹介した、各種の攻撃技術の中で、最先端のものを選んで、これの耐タンパー性検証技術（第6章で詳述するセキュリティ保証のための技術＝その製品が、市場での攻撃に耐える防御対策を実装しているかを検証する技術）を開発しようとするものである。半導体に関する攻撃技術は日進月歩であり、悪意ある攻撃者に対抗していくためには、つねに最先端の防御技術を更新していかなければならない。かつ、我が国内においてその最先端の耐タンパー性検証技術と攻撃に対抗する半導体実装技術を保持することは、まさに経済安全保障にかかる重要な課題である。攻撃者は、民間市場の経済的な資産を狙う者ばかりではない。国民の生命に関わるインフラ等の破壊を狙う国家レベルの攻撃者も想定しなければならないし、防衛上の

同盟国（いわゆるホワイト国）であっても、産業技術の重要な部分は安易に他国には提供してくれないことも知るべきである。

〔1-4〕セキュリティ仕様への適合性検証

　半導体チップに必要不可欠である最低限のセキュリティ機能について、セキュリティ要求仕様を策定し、当該仕様を満たすことを検証するための脆弱性検証技術を開発する。

「Kプロ/ハードウェアの不正機能排除」に関する研究開発構想〔1-4〕

　研究テーマ〔1-3〕が、最先端のセキュリティ技術を研究開発するのに対して、〔1-4〕は、半導体チップに対するセキュリティ上のミニマム要求とはなにかを、規格として決めようとするものである。このことの背景には、IoTの進展に伴って、組込機器用のいわゆるローリソース（より小さい、消費電力も限られた）のチップにもセキュリティが求められるようになってきたことが挙げられる。従来、4.2節から4.5節までで紹介したようなセキュリティ技術は、ICカードをモデルとして発展してきたが、十分なセキュリティ対策技術を実装したICカード用の半導体チップには、それなりのリソース（大きさ、消費電力とも）が用いられていて、なによりも高価（1個あたり数百円から千円台）である。これに対して、組込機器用のローリソースチップは、場合によっては1個数円から数十円程度で市場に流通している。しかもこれらのローリソースチップがインターネットに接続し、悪意ある第三者の攻撃にさらされるのがIoT時代なのである。この研究テーマでは、守るべきローリソースチップを定義し、そのリソースの範囲内でも最低限実装しなければならな

いセキュリティ対策をまとめて、「セキュリティ要求仕様」（要求仕様の定義は第6章に詳述）として規格化しようとするものである。また、「セキュリティ要求仕様」が満たされていることを検証するための技術開発もこのテーマ内で並行して行う。

4.8　半導体製造過程での不正混入（とうた）

　第二のフェーズは、半導体の設計者が、製造会社に回路情報（一般にRTL=Register Transfer Level、論理回路をハードウエア記述言語で記述する際の手法と呼ばれている）を渡したあとに、製造会社において回路情報が改変され、設計者の意図しない不正回路が混入されていないかという問題である。

　このような事案は、まだ現実の市場ではほとんど起きていない。が、世界的に見ると、半導体設計企業が多数存在するのに対して、半導体製造ラインを持つ企業は次々と淘汰され、日本では（2023年頃から、あわてて海外資本の半導体製造工場を日本国内に誘致したり、極端に微細な回路の製造能力を持つ製造工場を日本国内に設立しようと試みたりしているが）多数の半導体設計企業が、海外の製造工場にチップの製造を外注しているのが、2024年現在の状況である。このような場合、日本の設計会社（ユーザー）は、渡したとおりの回路情報で半導体が製造されているか否かについて、海外の外注先を一方的に信用するしかない。

　しかも、海外には巨大な半導体製造専門の外注引き受け企業が存在し、市場における力関係も、外注先の製造企業のほ

うが強い状況にある。そのような中で、半導体の設計元企業が安心して外注できるようにするためには、ユーザーとメーカーの間で品質管理についてのコンセンサスができていることが望まれる。研究テーマ〔2−1〕では、そうしたコンセンサスに資する技術開発の研究を行うこととしている。

〔2−1〕半導体設計データ管理
　半導体製造工程における設計データの改竄を排除するための品質管理技術を確立する。

「Kプロ/ハードウェアの不正機能排除」に関する研究開発構想〔2−1〕

　若干付言すれば、製品のライフサイクルにおける資産管理の国際標準としては、ISO/IEC JTC1/SC27/TR6114 Considerations throughout the product life cycle 2023という技術文書（Technical Report）がまとめられているし、台湾の半導体業界関係者がまとめた、SEMI-E187,E188という規格もある。これらを調査し、参照する中で、あるべき半導体製造の品質管理技術についてアプローチすることも、本研究テーマにとって有用ではないかと考えられる。

　また、半導体製造工程は、ユーザー、ベンダーのビジネスモデルによって一様ではない。品質管理技術について語ろうとすれば、ユースケースによって、その品質管理は誰が行うかについての分析も必要となる。さらに、設計から製造への前さばき工程や、ベアチップをパッケージングする工程についても、目配りが必要であることも付言しておきたい。

〔2－2〕半導体解析による検証

　半導体のディレイヤリング（パッケージ開封、研磨等）と高分解能観測により設計データを抽出する解析技術を確立し、要求外の機能の混入あるいは設計データの改竄が無いことを確認する手法を構築する。

「Kプロ/ハードウェアの不正機能排除」に関する研究開発構想〔2－2〕

　4.2節において、半導体チップのパッケージングを、刃物やFIB＝集束イオンビームによって剥離し、シリコンでできた電子回路をむき出しにする技術について述べた。が、半導体の回路は立体的に積層されているので、パッケージをむき出しにして表面から観測しただけでは、何層ものシリコン層の内部の演算過程を的確に観測できない。半導体のディレイヤリングは、さらに研磨などの手法によって、一層一層の回路を剥がしていく技術で、セキュリティよりは、半導体の故障解析の手法として発達してきた。研究テーマ〔2－2〕では、このディレイヤリング技術をセキュリティにも用いることを企図して、高分解能観測により設計データを抽出する解析技術に挑戦している。

4.9　ソフトウエアダウンロード過程での不正混入

〔3－1〕ソフトウエア組込み段階でのセキュリティ要求仕様と検証技術

　セキュアにソフトウエアを印加するために必要なセキュリティ機能について、セキュアにソフトウエアを印加するための要求仕様を策定し、当該仕様が満たされていることを検証

するための脆弱性検証技術を開発する。

「Kプロ/ハードウェアの不正機能排除」に関する研究開発構想〔3−1〕

　第三のフェーズは、完成された半導体チップに、アプリケーションやドライバーのソフトウエアを印加（ダウンロード）する工程である。この工程は、大きく分けて、半導体チップが市場に出る前の段階でソフトウエアをインストールする場合と、組込機器に実装されて市場に出たあとの半導体チップに、（多くの場合ネットワーク経由で）ソフトウエアをダウンロードしたり、更新したりする場合の2つがある。

　市場に出る前の段階でソフトウエアをインストールする場合（もしソフトウエアの開発者に悪意がないならば）、（そしてあらかじめインストールされるべきソフトウエアは限られているので）必要なセキュリティ機能とは、「正しい」（通常ゴールデンと呼称している）ソフトウエアと同じものが、個別のチップにインストールされるかによって決まる。すなわちインストール過程で個機にインストールされるソフトが「ゴールデン」と同じものかを検証する技術が問われることとなる。

　一方、市場に出たあとのソフトウエアの追加や更新の場合は、あらかじめ「ゴールデン」を特定することができないので、ソフトウエアを印加しようとする者が「正しい者」であるか否かを検証する技術が問われる。この場合主としてはチップに内蔵される暗号機能を的確に用いて、署名検証や暗号通信によって印加を行う技術が問われる。

　本研究テーマにおいては、これらのソフトウエア印加の手順を、第三者評価認証に耐え得るセキュリティ要求仕様としてまとめ、その手順が決められたとおり実行されているかを

検証するための技術開発を行っていく。

4.10　組込機器への不正混入

〔4-1〕不正部品混入検知

半導体が制御する電子機器の使用フェーズにおいて、不正な部品等が混入していることを検知する技術、当該の検知技術を正常に実装していることを検証する技術を開発する。

「Kプロ/ハードウェアの不正機能排除」に関する研究開発構想〔4-1〕

第四のフェーズは、半導体チップではなく、半導体チップが制御する組込機器に、直接不正機能が混入ないし付加されるケースである。

自動車、ロボット、医療機器、携帯電話などあらゆる組込機器に（メンテナンスの機会などをとらえて）極めて微細な部品が付加され、その部品が一定の時間を経て、不正機能を発揮して機器内の情報（例えば当該機器の外部との通信に関する記録など）を悪意を持って漏出させたり、機器を停止あるいは暴走させたりするのが、このケースにおける脅威である。

この不正部品の検知技術の開発については、第3章で述べた先行研究である、「戦略的イノベーション創造プログラム（SIP）第2期/IoT社会に対応したサイバー・フィジカル・セキュリティ/（A1）IoTサプライチェーンの信頼の創出技術基盤の研究開発」にかなりのソースがあるので、それについて少し述べたい。一つの技術は、SIP第2期で神戸大学や奈良先端科学技術大学院大学が研究してきた、組込機器の構成の変化を、電位差（機器を流れる電流のわずかな変化）を計測す

ることで検知しようとする技術である。これの基礎研究は、すでにSIP第2期研究で成果を上げており、現在はこれらの成果を応用して、ハードウエア・トロージャン検知システムとして実用化するための途上にある。もう一つの基礎技術は、第3章で述べた私たちのSCU（セキュア暗号ユニット）技術である。ハードウエア・トロージャン検知システムを実用化する過程では、組込機器と外部の「正しい相手」とのセキュアな暗号通信や署名検証の機能が必要となる。これらの機能を実現するために、私たちが開発してきたSCUのセキュリティ機能をさらに向上させて、システムの一部として用いるために研究を進めているところである。

〔4-2〕個体ID管理

半導体・電子機器個体にIDを付与し、市場流通後に半導体・電子機器からIDを取得してデータ基盤（クラウド）に参照することにより、半導体・電子機器個体の属性（真正性を含む）を検証できる技術を開発する。

「Kプロ/ハードウェアの不正機能排除」に関する研究開発構想〔4-2〕

半導体チップや電子機器の個体にそれぞれIDを与えて、「ニセモノ」を検知できるようにするニーズは、例えば次のような事案が、現実の市場で起き始めていることによって裏付けられる。すなわち、ある種の電子機器をメンテナンスのために開けたところ、中身の部品が、粗悪品とすり替えられていたのが発見されたのである。しかも、その粗悪品は、粗悪品なりに正規品と同様の機能を発揮しており、当該機器は運用中に不具合が発覚したわけでもなかったのである。今後このニセモノ部品のような事例が、半導体そのものについて

起きる可能性もないとはいえない。そこで、半導体や電子機器にIDを付与し、そのIDを合理的なコストで読み取って、クラウド上で即時に真偽判定できるようなシステムの開発とそのための要素技術の研究が必要となる。現在進められている「ハイブリッドクラウド利用基盤技術の開発」に関する研究では、かなり画期的な要素技術の開発が進められているので、将来における電子機器や半導体の真偽判定システムの開発に、かなりの期待を持つことができる。

[第5章]

新たな技術の導入には新たな備えが不可欠 情報セキュリティの進化なくして企業の成長はない

本章では、第4章後半で述べた「トロイの木馬」の事例として、2024年9月にレバノンで発生した、イスラム組織ヒズボラに対するポケットベルおよびトランシーバーを用いた攻撃を取り上げる。この事案は、ソフトウエアとハードウエアの複合的なサイバー攻撃を含む軍事攻撃として、2009～2010年頃発生したイラン核施設への攻撃（いわゆるスタクスネット事件）に匹敵する社会的な影響を呼んでいる。とくに私たちが現在取り組んでいる「経済安全保障重要技術育成プログラム」（「Ｋプロ/ハードウエアの不正機能排除」）研究にも影響するところが大きいので、あえて取り上げる次第である。

5.1　ヒズボラ事案のfact

　2024年9月17日、レバノンでイスラム教シーア派組織ヒズボラのメンバーが使用する小型通信機が爆発し、子どもを含む9人が死亡した。爆発は首都ベイルートや複数の地域で同時に発生し、負傷者は約2800人にものぼる。
　ヒズボラは、携帯電話だとハッキングや追跡を受けるリスクがあることから、通信手段としてポケットベルのような小型通信機に大きく依存していたという。
　米紙ウォール・ストリート・ジャーナルは、爆発した小型通信機は事件前数日の間にヒズボラに届いたものだったと伝えた。
　元英国陸軍の軍事専門家の話によると小型通信機にはおそらく、10～20グラムの軍用高性能爆薬が詰め込まれ、偽の電子部品の中に隠されていたのだろうと考えられる。英数字

テキスト・メッセージとよばれる信号を使って仕込めば、次にその機器を使用する人に起爆させることができるのだという。

さらに9月18日には、ヒズボラが使っていたとされるトランシーバーなど数百機が爆発し、少なくとも20人が死亡、450人が負傷した。

爆発直後の写真や映像では、それらの機器は日本に本社を置く通信機器メーカーが製造したトランシーバーとみられる。

しかし、同社の米子会社の営業担当役員は、レバノンで爆発した無線機器は模造品のようだと話した。また、模造品はインターネットで簡単に見つかるという。

(参照：BBC News Japan、朝日新聞デジタル)

5.2 想定される仮説

2024年9月17日のポケットベル、同18日のトランシーバー事案とも、(おそらくはイスラエルによって行われた)ヒズボラに対する、サイバー攻撃を含む複合的な軍事攻撃である。純粋なサイバー攻撃ではないとする理由は、両事案とも最終的には通信機内部に仕掛けられた爆薬が爆発したと思われるからである。

イスラエルのフロント企業を通じて製造された悪意あるポケットベル製品、あるいは正規品と偽装したトランシーバーに爆薬が実装されていたのだとすれば、正しい製品のライフサイクル内にトロージャンが「混入されて」それが攻撃の契機となったというよりは、むしろ「悪意ある組込製品＝通信

機」自体が攻撃の手段であったとするほうが適切だからである。しかし、攻撃のトリガーはあくまでIT的な手段であったと考えられるので今回の事案は、両方ともサイバー攻撃であるともいえる。

そこで、組込製品＝通信機のライフサイクルのどこに悪意との接点があるかについて考えてみよう。

まずポケットベルについては、悪意ある攻撃者が、一定の通信コードを使用者に向けて発信することによって、内部の爆薬に爆発の指令を出していたことが仮説となる。その場合、おそらくはポケベルのアプリケーションソフトおよび/またはドライバーソフトに悪意の混入が行われていたことが想定される。一方ポケベル内部に起爆装置（ハードウエア）が実装されていなければ攻撃は完遂できないので、「悪意あるソフト」と「悪意あるハード」の両方を検知し排除する体制がなければ、この攻撃に対抗することはできない。

また、攻撃の手段が、ヒズボラが調達したポケットベルであったのだとすれば、この軍事攻撃は多くの一般市民を巻き添えにしたとしても、ヒズボラの構成員を狙い撃ちする「精度」は高く、攻撃者側から見れば「効率のよい」攻撃であったといえる（一般にライフサイクル下流の組込機器へのトロージャンの混入のほうが、上流の半導体チップへの混入よりも「攻撃精度」は高くなる傾向がある）。

トランシーバーの事案では、上記に加えて模造品、偽造品への対抗措置が必要となる（製造元によれば、正規品は10年前に生産を中止しているが、模造品は現在でもネットで入手可能だという）。また、このような攻撃に対抗するには、攻撃を排除するためのセキュリティ要求を満たしているか否

かの評価/認証を第三者が行うセキュリティ保証の体制構築が必要となるが、これまで行われてきた正規品の設計に対する評価/認証だけではなく、個品が「正規品であること」の第三者による確認が必要となることも指摘しておきたい。

以上の仮説を前提として、私たちの取り組んでいる「経済安全保障重要技術育成プログラム」（Kプロ/ハードウエアの不正機能排除）の研究とはどのような接点があるかを次節以下で考えていきたい。

両事案とも、半導体チップ内部に混入された悪意ある回路等による攻撃ではないと想定されるので、主たる接点はライフサイクルの組込製品段階（Kプロ/ハードウエアの不正機能排除研究テーマ3と4）にあると考えてよい。

5.3 Kプロ/ハードウエアの不正機能排除研究テーマ3（ソフトウエアダウンロードのフェーズ）との接点

4.9節に示したKプロ/ハードウエアの不正機能排除研究テーマ3の研究構想においては、組込製品に内蔵される半導体チップのメモリ上に、搭載されているアプリケーションおよび/またはドライバーソフトを外部からインストールまたは更新する際にとるべき手順と、半導体側の機能としてのソフトウエア書き込みのためのAPIの技術的な要求（正しいソフトウエアの更新者によるものか〜アクセス制御機能など）を想定している。ソフトウエアそのものが、正しい書き込み者によるものであれば、ソフトウエアの中身は問わないとの前提を想定していた。

しかしながら、ヒズボラ事案を考慮する限り、ソフトウエアそのものに、ユーザーに開示されている設計仕様とは異なる悪意ある機能が搭載されていないかを問う必要があることが分かった。このKプロ/ハードウエアの不正機能排除研究テーマの出口であるセキュリティ要求仕様に（ソフトウエアを更新する場合だけでなく、チップにあらかじめインストールされるソフトウエアも含めて）このことを盛り込むことはいたって容易である。だが、製品評価の過程で、そのセキュリティ要求が実現されているか否かを検証するのは決して容易ではない。

　ユーザーに開示されているソフトウエア設計仕様以外の「悪意ある機能」が搭載されていないことを検証する方法としては、例えばKプロ/ハードウエアの不正機能排除研究テーマ1－1が行っている仕様とソースとの間の形式検証が挙げられるが、ソフトウエア全体（1－1の場合はRTLのソース全体）の量が大きく複雑なものになると、形式検証は困難になることが知られている。

　そもそも、ソフトウエアの開発であれ、ハードウエアの設計であれ、製造者自身に悪意があれば、何を基準にそれを検証するのかという問題に逢着してしまうので、従前のセキュリティ評価/認証においては、「製造者（法人）は正しい」という前提をおいてきた。が、近年では製造者の内部者（個人）や、外注先に悪意ある者が存在するような事案はまま見られるようになってきた。

　そこで、上記のセキュリティ要求（仕様）の項目として、内部者については技術要求とは別の「人の管理に関するセキュリティ標準」（例えばISMSなど）に準拠し、かつその

標準に基づく第三者の製造過程監査を受けることの要求、外注先については（そもそも外注をやむを得ない場合の例外措置としたうえで）セキュリティ第三者評価における外注先への立ち入り検査実施などを行うとする要求等を盛り込むことが必要ではないかと、この稿の筆者は考えるものである。

このようにして「正しい者が開発した」と認証されたソフトウエアの「認証マーク」とともに、このマークを暗号化された認証機関の電子署名としてソフトウエアに添付し、受け手のハードウエア側で署名検証を行うなどの措置も有効かもしれない。が、このような電子認証マークにしても、製品の個体IDとの厳密な紐づけがなされなければ、電子認証マーク自体が容易にコピーされてしまうことは明らかであり、5.5節に述べるKプロ/ハードウエアの不正機能排除研究テーマ4－2の研究成果との連携が必要となろう。

5.4 Kプロ/ハードウエアの不正機能排除研究テーマ4－1(HT検知システムの開発)との接点

Kプロ/ハードウエアの不正機能排除研究テーマ4－1が、その研究構想において想定しているHT検知システムは、先行研究（SIP第2期）の段階では、組込製品の正規品が市場で流通中に、修理、検査等の場で悪意ある第三者から、トロージャン機能を持つ微細なハードウエア（ヒズボラ事案では起爆装置に相当する）を加えられてユーザーに戻され、そのハードウエアが後日外部からのコマンド（信号）あるいはクロックなどによって攻撃のために起動されることを想定し

ていた。

　そのため、先行の基礎研究（SIP第2期）においては、正規品の正常状態での運用における電位（電力や電磁波の動く状態）をあらかじめ決めておき（ゴールデンの設定）、その電位が微細に変化するのを計測することを通じて、HT検知を行うことを出発点としていた。が、あらかじめゴールデンを設定する方法には種々の困難があることから、現在の「Kプロ/ハードウエアの不正機能排除研究テーマ4－1」においては、別の手段を用いて計測された電位差との比較の対象を求める研究を進めている。

　一方、ヒズボラ事案のような攻撃（組込製品の製造者が悪意を持って、あらかじめ大量の製品にHTを取り付けていると想定される場合）に対抗するためには、ユーザーに開示されているハードウエアの設計仕様以外に「悪意ある機能」が搭載されていないことを検証する方法が求められる。そのため、設計仕様を認証された正規の組込製品の実物を、組込製品のメーカーに提出させ、「まず当該組込製品が、認証された設計仕様以外の機能を持っていないこと」を第三者評価によって検証したうえで、現在進めている研究の成果であるHT検知に進むような手順が必要となるだろう。設計仕様を認証された正規の組込製品の実物が、ほかの機能を持っていないことを検証するためには、電位変化計測のほかになんらかの手法が必要となる。例えば、コンデンサ、抵抗器等に偽装したHT部品（例えば起爆装置）が正規品にあらかじめ取り付けられているような場合に、それをいかに見破れるか、組込製品の抜き取りによる分解検査等についても、今後の研究課題とすべきではないかと考える。

また、いずれにしても4－1研究の成果によるHT検知システムは、個別の組込製品に取り付けられることが前提となる。すなわち個品に対する検査を視野に入れたセキュリティ保証体制が必要になることを想定しておくべきであろう。

　さらに、前節末尾で述べたソフトウエアの電子認証マークの場合と同様に、「当該組込製品は、正規品の実物検査によってセキュリティが保証されており、個品が検査の対象となった正規品と異なる機能を持つ場合にそれを検知する装置も取り付けられている」ことを示す、電子的な認証マーク（例：模造されない個体IDを持ち、認証機関の電子署名を内蔵したチップ）を組込製品の回路のどこかに取り付ける等の措置も必要になるのではないだろうか。

5.5　Kプロ/ハードウエアの不正機能排除研究テーマ4－2（電子機器・半導体チップの個体管理）との接点

　Kプロ/ハードウエアの不正機能排除研究テーマ4－2では、主に半導体チップの個体管理を想定して、人工物メトリクスを用いてこれを半導体チップ個体のIDデータとする方法をテーマとして研究を進めている。

　ヒズボラ事案の対抗手段として、主に問われるのは「組込製品の個体管理」「模造品、偽造品の排除」であるが、組込製品は半導体チップによって制御されるので、組込製品の制御機構をつかさどる半導体チップを個体管理することができれば、「組込製品の個体管理」も可能となる（ただし、この場合「正しい半導体チップを悪意ある組込製品に移植する」

ことを排除する技術は必要となる)。さらにハードウエアの「電子認証マーク」を個体に付与する場合、個体IDを管理できるチップは、極めて有用な存在となるだろう。

5.6　HT排除のためのセキュリティ保証体制

Kプロ/ハードウエアの不正機能排除の当初の研究構想においては、セキュリティ保証体制の構築そのものは、研究開発の課題としておらず、あくまで各研究テーマの分野において、適切なセキュリティ保証体制のあり方を提案することを研究課題とするにとどまっていた。が、その後単なる技術開発にとどまらずセキュリティ保証体制を運用することが必要不可欠であるとの意見が、Kプロ/ハードウエアの不正機能排除研究の監督を行う側の有識者からも表明されている。

5.6.1　評価/認証すべき項目の概要

さて、ヒズボラ事案を鑑みる限り、おおむね次のことを保証する第三者評価/認証の体制構築が必要となろう。

【組込製品を制御するソフトウエア関係】
・アプリケーションおよび/またはドライバーのソフトウエアそのものに、ユーザーに開示されている設計仕様とは異なる「悪意ある機能」が搭載されていないか
・アプリケーションを組込製品にダウンロードする(プレインストール、更新のいずれの場合も)際に、末端の組込製品側が、上位側が「正しい者」であることを検証できるメ

カニズムを持っているか
・末端の組込製品側は、ダウンロードされる個別ソフトウエアが上記を満たしていることを示す「電子認証マーク」を持っていることをチェックできるか

【組込製品を制御するハードウエア（半導体チップ）関係】
・組込製品を制御するハードウエアそのものに、ユーザーに開示されている設計仕様とは異なる「悪意ある機能」が搭載されていないか
・組込製品に、ユーザーに開示されている設計仕様とは異なる悪意ある機能が付加された場合、それを検知するメカニズムを有しているか
・組込製品の個体が、上記を満たすものであることを検査済みであるとの「個体ID」と「電子認証マーク」を持っているか
・上記「電子認証マーク」を組込製品の外部から、暗号操作によって確認できるか

5.6.2　評価方法論

　セキュリティ保証体制の構築とその円滑な運用のために、Kプロ/ハードウエアの不正機能排除研究で行った検証技術開発の集大成として、（Kプロ/ハードウエアの不正機能排除研究の各分野において）プロジェクト完了時に評価項目を検証するための評価方法論を策定し、研究成果として提案することが望まれる。

5.7 「攻撃精度の低い」「汎社会的な」サイバー攻撃について

5.2において、今回のヒズボラ事案の「攻撃精度」(攻撃がヒズボラの構成員に到達する精度)が、(多くの一般市民を巻き添えにしたにもかかわらず)一定程度高い所以(ゆえん)を述べた。だが、いわゆる国家レベルのテロ行為では、特定の対象に精度を絞るような攻撃ばかりではなく、社会インフラ全体を揺るがすことを目的とするようなものがあることがよく知られている。

典型的な事例を一つ挙げるとすれば、2013年3月20日に韓国で起きたKBSテレビ、MBCテレビ、YTNテレビなど複数放送局への一斉サイバー攻撃がそれである。このように攻撃対象をある特定の対象に絞るのではなく、「市場の分野」程度の広がりをもつすべてを対象としてよいのであれば、ある型式の半導体部品を一斉に止めてしまうような攻撃手法を想像するのは容易である。そしてこのような場合、ある型式の半導体チップの正規品すべてにHTを実装し、クロックないし外部からのコマンドによって、攻撃を発動させる手法を警戒し、それへの対策をとる必要がある。

本稿においては、ヒズボラ事案を例に挙げて、特定の対象に精度を絞ったサイバー攻撃(すでに述べたように、こうした攻撃には組込製品に内蔵される半導体チップではなく、組込製品そのものへの改造あるいは、HT混入のほうがより効果的である)について主に述べたが、一方で「攻撃精度の低

い」「汎社会的な」サイバー攻撃への対抗策の取り組みも、Kプロ研究においては必要であることを、最後に述べておきたい。

[第 6 章]

セキュリティ保証の体制と技術

本章では、第4章で述べた、ハードウエア（半導体チップや組込機器）に対する情報セキュリティ対策が十全に機能することを担保するための、セキュリティ保証制度（第三者による評価と認証の制度）と制度を裏付ける技術について述べていく。

6.1　情報セキュリティ保証〜その作法

まず、情報セキュリティ保証とは何かについて、述べたい。

情報セキュリティ保証とは、ある情報システムあるいは情報システムの構成要素となる製品が、外部からの攻撃に対して耐性をもっていることを、しかるべき者がユーザーに対して保証することをいう。そのしかるべき者とは、情報システム・製品の開発者自身であってはならないというのが市場の通念である。なぜならば、近来我が国ばかりではなく、著名なブランドを持つ自動車製造会社、機械メーカー等が、自社製品に義務づけられた検査や製品スペックの数値をごまかし、自らの利益のために、公的機関や消費者に対して違法行為を働く事例が極めて多く見られるからである。よって、情報セキュリティ保証は、第三者による評価認証制度（詳しくは次節で解説する）の下に行われるべきだとするのが、先進諸国における市場の通念である。

では、情報セキュリティ保証とはどのような手順で行われるものなのか、現在市場で行われている通常の作法について、やや抽象的な形であるが述べていくことにしよう。

はじめに、情報セキュリティ保証は、情報システム・製品

のユーザーが、外部からの脅威に対して、安全安心に、システムや製品を使うことができるようにするためのものである。だから、情報セキュリティ保証の基点は、システムや製品をエンドユーザーに提供する、調達者側の責任感や要求でなければならない。どんなに（脆弱性だらけの）危険なシステムや製品であっても、値段さえ安ければこれを調達し、万一インシデントが発生してもエンドユーザーに対する責任はすべて調達者が負うというのであれば、情報セキュリティ保証はそもそも必要がない。だが一方で、システム、製品の調達者は通常「安全ならばどんなにコストをかけてもよい」とは考えない。そのため、コストとセキュリティのバランスのとれたセキュリティ要求の仕様が求められることとなる。では、そのセキュリティ要求仕様とはどのようにして決められるのだろうか。

　一般に、情報システム・製品のエンドユーザーや調達者は、開発者ほどには技術に詳しくない。そこで調達者側は、ISOやJISなどの公的な標準規格、あるいは業界デファクトとよばれる業界団体基準などによって決まっているいずれかの規格番号や文書番号などを指定して、開発者側に「○○に準拠して開発してほしい」と求めるのが通常である。

　ではそのセキュリティ要求仕様となる基準はどのようにして作られるかというと、開発者側の異なる企業の複数の技術者、公的機関や情報セキュリティ業界の関係者、研究機関に属する研究者等、立場のちがう複数の専門家による委員会のディスカッションによって案がまとめられ、これを国際機構、国家機関、業界団体等のオーソリティが認める形で基準文書となるのである。

さて、セキュリティ要求仕様は、複数の立場の異なる人々によって作られ、かつ「コストとセキュリティのバランス」をも追求するものなので、おおむねやや抽象度が高く、「対象となるシステムや製品はこのような機能を持つこと」を要求していても、それをどのように実現するかは開発者側に委ねられることが多い。そこで調達者側によって指定されたセキュリティ要求仕様の文書に対応し、それをどのような設計によって実現しているかを示す開発者側の文書のことを、セキュリティ設計仕様書という。セキュリティ設計仕様は、開発者側が調達者側に開示するカタログの一種であるから、一般には公開されるものであるが、対象となるシステム、製品が特定の調達者のオーダーメイドである場合には対象顧客のみに開示される場合もある。また、対象となるシステム、製品に実装されているセキュリティ対策の詳細仕様を攻撃者に知られることによって脆弱性につながる場合や、セキュリティ対策の詳細仕様が特定開発者独自の設計ノウハウに属する場合（特許化すると公開されてしまう）などはセキュリティ設計仕様の一部または全部が公開されない場合もある。

　ともあれ、セキュリティ設計仕様書とは、調達者側が求めるセキュリティ要求仕様を、「自社はこのような設計で満たしています」と開発者が調達者側に宣言する文書である。そしてこの宣言が信頼に足るものであるならば、情報セキュリティ保証の過程はここでクローズするのであるが、開発者がほんとうにセキュリティ設計仕様書のとおり、システム、製品の設計開発を行っているかどうかを、誰かほかのものが確認する必要があることは本節冒頭で述べたとおりである。

　このことを、第三者である専門機関が評価し、その評価自

住宅の警備システムを保証しようとすると……

不動産開発者、住宅メーカー、警備会社、警備機器メーカーなどが協議して、○○地区分譲地用の「セキュリティ要求仕様」をつくる。

PP

セキュリティ要求仕様例：

- 玄関には電子錠を付けること
- すべての窓には警備用センサーを付けること
- 必ずどこかの警備会社と契約すること

など

住宅メーカーは「セキュリティ要求仕様」に従って住宅を設計する。

住宅メーカーは、住宅購入者にセキュリティ設計仕様を自己宣言する

ST

セキュリティ設計仕様の例：

- 玄関には○○社の△△型電子錠を装備します。
- すべての窓に××社のxyz型センサーを装備します。
- ○○警備会社と契約し24時間電子警備を実施します。

など

第三者評価機関が検査すること

- この住宅には、ほんとうにメーカーの宣言した仕様どおりの設備が実装されているか
- メーカーの宣言したガイダンスのとおり警備は運用されているか
- 警備機器は信用のおける会社から納入されているか
- 警備機器には脆弱性がないか

など

認証機関が証明すること

この検査は、定められたマニュアルどおりきちんと行われました。

第6章 セキュリティ保証の体制と技術

体も定められた手順によって正しく行われたかどうかを、(公的なあるいは業界団体などによって委ねられた) 認証機関が認証する過程を第三者評価認証と呼んでいる (詳細は次節で述べる)。

以上先進諸国の市場で通常行われている、情報セキュリティ保証の手順をやや抽象的に述べたが、読者の理解を促すために本節の最後に一つのたとえ話を紹介することにしよう。

下記は、(情報セキュリティ保証ではないが) ある住宅開発において、住宅の警備システムのセキュリティを保証しようとする事例である。

手順1　セキュリティ要求仕様の策定

不動産開発者、住宅メーカー、警備会社、警備機器メーカーなどが協議して、○○地区分譲地用の「セキュリティ要求仕様」をつくる。

セキュリティ要求仕様例：
- 玄関には電子錠を付けること
- すべての窓には警備用センサーを付けること
- 必ずどこかの警備会社と契約すること
  など

手順2　セキュリティ設計仕様の宣言

住宅メーカーは「セキュリティ要求仕様」に従って住宅を設計する。

住宅メーカーは、住宅購入者にセキュリティ設計仕様を自己宣言する。

セキュリティ設計仕様の例：

- 玄関には○○社の△△型電子錠を装備します。
- すべての窓に××社のxyz型センサーを装備します。
- ○○警備会社と契約し24時間電子警備を実施します。

　など

手順3　第三者機関によるセキュリティ評価

　住宅購入者は、住宅メーカーのセキュリティ設計仕様書が正しく行われているかの検査を、第三者機関に依頼する。

第三者評価機関が検査すること：

- この住宅には、ほんとうにメーカーの宣言した仕様どおりの設備が実装されているか
- メーカーの宣言したガイダンスのとおり警備は運用されているか
- 警備機器は信用のおける会社から納入されているか
- 警備機器には脆弱性がないか

　など

手順4　認証機関が第三者評価を認証する

認証機関が証明すること：

　第三者機関による検査は、定められたマニュアルどおりきちんと行われました。

　以上がセキュリティ保証のプロセスの一例である。

6.2　情報セキュリティ第三者評価認証の考え方

　本節では、前節で述べたセキュリティ保証手順の後半にあたる第三者評価認証制度について詳説することにしたい。まず、誤解がないように指摘したいことは、第三者評価認証制度による情報セキュリティ保証とは、第三者である評価機関

や認証機関が、情報システム・製品のセキュリティそのものを保証する制度ではないということである。

　情報セキュリティ保証の最終責任は、あくまでも情報システム・製品の開発者にある。第三者評価認証制度は情報システム・製品の開発者によるセキュリティ設計が「調達者側のセキュリティ要求仕様のとおり、正しく行われている」ことを保証するものであり、極言すれば、「疑わしい開発者の信用を補完するもの」にすぎない。

　第三者機関が評価認証によって保証するのは、
・対象となる情報システム・製品が、調達者側が要求するセキュリティ要求仕様に準拠して設計されていること
・情報システム・製品が、開発者側が宣言し、調達者側に開示しているセキュリティ設計仕様のとおり、設計開発されていること

である（最近では、個別のシステムや製品が、評価認証された設計仕様の型番どおり製造されているかが問われるようになってきているが、残念ながら今日行われている情報セキュリティ保証制度の範囲は、ほとんどの場合設計保証までで、個品の製造保証はスコープの外である）。

　よって、調達者は少なくともセキュリティ要求仕様を示す文書を指定するに際して、その概要程度は理解しておかないと、エンドユーザーに対する責任は果たせないのであるが、例えば調達者が小さな市町村レベルの公務員や中小企業の一人しかいない情報システム担当者であったりするような場合には、「概要程度の理解」もおぼつかないことがある。その場合は、セキュリティ要求仕様を示す文書を発行している機関（公的機関や業界団体等）の権威が、セキュリティ保証の

根拠となる。次節に述べるISO/IEC15408に基づく第三者評価認証制度では、セキュリティ要求仕様を記述する文書そのものを評価認証する制度があり、これなどは新たに作られたセキュリティ要求仕様をオーソライズ（権威付け）するためには、便利な手法といえるかもしれない。

次に、あらゆる第三者評価認証制度は、その制度における評価認証のやり方と手順を示す文書、および評価の技術的な方法論を示す文書（両者が同一の文書内に記述されることもある）のセットにより運用される。評価機関はこれらの文書に基づいて、

・開発者のセキュリティ設計仕様が、調達者が指定するセキュリティ要求仕様を満たしているか
・開発者が行うシステム、製品の（機能実装も含む）設計開発が、開発者自身が顧客に宣言し、開示しているセキュリティ設計仕様を満たしているか
・対象となるシステムや製品に、世間でよく知られていて、上記の評価方法論文書に記載されているような脆弱性がないか

を、評価する。

このうち1番目と2番目の評価については、開発者が評価機関に提出する各種のエビデンス（開発文書）の審査を通じて行う場合が多い（ほかに開発者の製品テストのトレースや、開発サイトの訪問と面接などを行う場合もある）が、3番目の脆弱性の分析自体は、どの制度においても評価機関が自分で直接行うことが通例である。

認証機関は、評価機関の評価の過程を監督し、評価機関の報告書が提出された場合、当該評価が、定められた方法、手

順にのっとって行われたものであることを認証する。

　これらを行う、評価機関や認証機関が十分に専門的なスキルと設備を有していることを確認するため、一定基準に基づいて別の機関が行う「機関認定制度」というものも存在し、多くの場合は、制度を運用する公的機関や民間団体の要請により、ISO17025やISO27001などに基づいて、認定機関による試験（評価）機関や認証機関の認定が行われている。

　第三者評価認証制度が普及するにつれて、昨今では、エンドユーザーが第三者評価認証制度に対して、情報セキュリティの保証そのものを求める傾向があり、認証機関によって発行される認証書が、セキュリティを保証する文書であるかのように誤解してしまう場合もある。それゆえに認証機関が認証書の発行に慎重になり、自己の任務の範囲を超えて、評価機関の行った情報セキュリティ評価を再度評価するような事例がまま見られる。だが、このことが認証の遅れをもたらし、円滑な制度運用を妨げている（その結果、制度の利用が普及しない）ことも指摘しておきたい。

6.3　ISO/IEC15408（Common Criteria）

　本節では、市場に普及している情報セキュリティに関する第三者評価認証の祖型となっている、ISO/IEC15408、いわゆるCommon Criteriaについて詳説する。

　ISO/IEC15408,"Common Criteria for Information Technology Security Evaluation"（情報技術セキュリティ評価のための共通基準）は、1999年に、それまで米国や欧州で行われてきた、いくつかのセキュリティ保証制度を統合する形で、ISO

（国際標準）として採択された。世界各国がこのような共通基準を求めた背景には、情報システム・製品がいわば国際商品であり、各国が個別にそれぞれ考え方の微妙に違う制度を運用していると、それぞれの国の制度下で認証を得るために膨大な時間とコストを要するということが挙げられる。Common Criteriaはこのような重複を避けるために、この国際標準を承認する国の一国で認証をとれば、他国でもそれが通用することを目指し、国際的なプロジェクトチームによって開発された。その共通化作業の中心となったのは欧州の制度（ITSEC）や、米国の制度（TCSEC）の専門家たちであった。

　我が国においても、このCommon Criteriaの国際標準化と並行する形で、制度の導入が図られたが、残念ながらその基準自体は米国と欧州のいわば「木に竹を接いだ」ものであった。日本のソフトウエア分野の専門家は米国制度の考え方を、日本のハードウエア分野の専門家は欧州制度の考え方を、それぞれこの基準を理解するベースとしたため、日本で構築された評価認証制度も「木に竹を接いだ」もの（具体的には、認証機関は米国寄り、評価機関は欧州寄り）となり、21世紀初頭、制度発足時の運用がきわめてぎくしゃくしたものとなった（これは、その時現場にいたこの稿の筆者自身の記憶に基づく率直な感想である）。

　さて、この基準の第一の特徴は、セキュリティ評価の対象が、ソフトウエア分野であってもハードウエア分野であっても情報システム・製品でありさえすれば何にでも適用できるきわめて広範なものだという点にある（だが、のちに述べる理由で実際には情報システムには適用しづらい側面があるの

で、対象は主にソフトウエア、ハードウエアに限らず情報製品に限られる）。

　対象が広範である代わりに、この基準は個別の情報製品やそのユースケースにおいて、どのようなセキュリティ対策を具備すべきか、セキュリティ要求を直接には語っていない（この点が世間一般の誤解を招いている点でもある）。この基準はそれを使う者が、世界共通の文法でセキュリティ要求仕様を書き、さらに製品の開発者が、調達者の示すセキュリティ要求仕様のとおり製品設計を行いやすいようにするための道具として位置づけられる。さらに言えば、この基準に基づいて同じく開発者が世界共通の文法で書いたセキュリティ設計仕様のとおりに、製品設計がなされているかを世界各国の評価機関が（どこでも同じように）評価できるようにするための道具ともいえる。

　この基準は、5つの部門に分かれているが、以下では基本的で重要な3つの部門を解説する。

　第一部では、上記で述べた基準の構成と構造、その使い方が概説されている。

　第二部は、主にそれまでの米国制度（TCSEC）の系譜をひいて、情報製品が具備すべきセキュリティ対策の各種類（セキュリティ機能要求）を定義した辞書になっている。この基準を使用する者は、この第二部の辞書の中から、自らの対象とする情報製品とそのユースケースにふさわしいセキュリティ機能要求を選んできて、セキュリティ要求仕様や設計仕様の文章を書くようにできている。具体的には、例えばそのセキュリティ対策が、「アクセス制御」であるとすると、第二部の辞書にはFDP_ACFという記号がついて「セキュリ

ティ属性によるアクセス制御（基本アクセス制御）」という単語が示されていて、その下にさらに、セキュリティ要求やセキュリティ設計の仕様を書くときの書き方が指示されている。

　第三部は、主にそれまでの欧州制度（ITSEC）の系譜をひいて、その製品がほんとうにセキュリティ設計仕様（書）のとおりに設計されているかの評価を行う場合に、評価機関が行うべき試験、審査の項目と評価の程度が具体的に述べられている。例えば、その評価項目が製品の実装仕様に関する審査であるとすると、（これも記号がついていて）「ADV_IMP」（実装表現）というインデックスの下に、さらに項番に応じて、どこまで詳しく評価を行うか、「評価の深さ」を表す内容が示されている。これは、その情報製品が守るべき資産（多くの人の生命である場合とか、お小遣い程度の金銭である場合）などによって、どこまで手間暇をかけて評価するかの程度（セキュリティ保証レベル＝EAL: Evaluation Assurance Levelと呼んでいる）が決まってくるからであり、個々の審査項目の下の項番は、このEALに紐づいている。すなわち、中程度の評価の深さ（EALの7段階中のEAL4）でよいとすると、「ADV_IMP」の審査はこの程度の詳しさでよいということが決まっているのである。このEALも、情報製品のセキュリティそのものの程度を示す数値と誤解されがちであるが、実際には「評価の深さ」を示す数値である。ただし、高セキュリティの情報製品は、より深いレベルの評価が行われがちであるという傾向はある。

　さらに、世界各国の評価機関が、同様の評価方法で評価を行えるように、この基準（ISO/IEC15408）とは別に共通評

価方法論（Common Evaluation Methodology=CEM）というものが存在し、国際標準ISO/IEC18045となっている。

　本節の最後に、この基準を運用するための国際機構、CCRAについて述べたい。通常の国際標準（ISO）は、一度採択されると、それを利用する国や企業が、「自分はISOに準拠している」とさえ宣言すれば、それで事足りるのだが、ISO/IEC15408は評価認証制度の運用を伴うため、これを世界の市場で運用するための国際機構を持っていることが大きな特徴である。

　この国際機構のことを「共通基準の運用のための国際的な承認アレンジメント」（Common Criteria Recognition Arrangement）と呼んでいる。CCRAは、世界の多くの国々の認証機関（本節では詳しく触れなかったが、各国の政府または政府傘下の公的機関で、情報セキュリティ第三者評価の運用と評価機関を監督し、その評価が正しく行われたことを保証する認証書の発行をつかさどる機関のこと）によって構成されており、一国の情報セキュリティ認証がほかの国々で通用するように調整を行っている会議体である。

　CCRAには、認証国と受け入れ国の区別があり、認証国では自国で行われたセキュリティ評価の認証を行うとともに、ほかの認証国で発行された認証を承認しているのに対して、受け入れ国は（自国で評価を行わず）認証国で発行された認証の受け入れだけを承認している。

　2024年現在で認証国は、日本、カナダ、フランス、ドイツ、アメリカ、オーストラリア、オランダ、ノルウェー、韓国、スペイン、スウェーデン、イタリア、トルコ、マレーシア、インド、シンガポール、カタール、ポーランドの18カ

国。受け入れ国は、イギリス、ニュージーランドそのほか15カ国である。このほかに、ISO/IEC15408に基づくことを宣言しながら、自国だけの制度の下に情報セキュリティ評価認証を行っている国もある。

6.4 CCの功罪

Common Criteriaによる情報製品の評価は、きわめて厳密な論理構造を持っていて、それを使う者が、基準に対する十分な理解を持っていれば、ほとんど隙間なくその情報製品とユースケースに必要なセキュリティ対策を施し、かつそれをしかるべき第三者が保証できるようにできている。だが、その論理的な厳密さゆえに、ある種の「使いづらさ」が伴っていることも事実である。

まず、その論理的かつ厳密な手法で評価を行うために、製品の型番が更新される度にせっかく手間暇をかけた評価が無効となり、評価をやり直さなければならない。情報製品の評価については、制度の発足後これを和らげるために、製品型番更新後の再評価を簡略化する方法が講じられてきた。だがセキュリティ評価の対象が情報システムである場合、事態はさらに深刻である。なぜなら、情報システムでは頻繁にシステムを構成する製品の一部が更新されるばかりではなく、その製品もインターネット経由で日々パッチがあてられ更新されるからである。このため、制度発足後の各国認証対象のリストを見ても、情報システムを対象とするものは、ほとんど見当たらない。

次に、一般に言われている「CCの取っつきにくさ」が挙

げられる。この基準は、世界各国の情報セキュリティの専門家が知恵を集めて作成した、きわめて精緻でよくできたいわば情報セキュリティの文法書と辞書のようなものであるが、すでに述べたようにセキュリティ要求そのものを語る基準ではない。そのため自らの「安全安心」を求めるエンドユーザーや情報システム・製品の調達者から見れば、少し読むだけで頭が痛くなるような呪文、記号の山であり、すぐに自分の「安全安心」の要求に応えてくれないように見えてしまう。この基準を理解するにはある程度の慣れと、前節で述べた情報セキュリティ保証の作法への知識が必要だからである。

　さらに、評価認証にかかる「時間とコスト」の問題がある。情報システム・製品を使う側の理解が進んだとしても、開発者側にとって一つの情報製品が評価認証の過程を突破し、認証を獲得するまでには、製品の最終価格に影響するようなコストと、製品開発に要する時間に匹敵するような評価認証のための時間が必要である。評価の過程でセキュリティ上の問題点を指摘されれば、設計開発の手戻りさえ発生する。情報製品を市場に提供するうえで、製品価格と開発期間は競争上の重要な要素であり、いかに制度に基づく評価認証が、開発者の「信用を補完する」ものだとしても、CC評価認証はおいそれと簡単に利用するわけにはいかない代物なのである。

　ISO/IEC15408が国際標準となり、Common Criteriaに基づく第三者評価認証の運用が世界各国で行われるようになってから、情報セキュリティの分野では、「ほかのやり方」は、ほとんど姿を消した。それは、この基準の「使いづらさ」

「取っつきにくさ」にもかかわらず、実は「よくできている」からでもあったのだが、一方で各国の政府が、調達者として自らこの基準による認証を、情報製品に求めた結果でもあった。他方民間の市場では、この基準の「評価認証に要する時間とコスト」ゆえに制度の利用は必ずしも期待されたほどには普及しなかった。

我が国においては、評価認証制度発足の当初、主に「評価認証に要する時間とコスト」ゆえに、調達者たる政府の多くの省庁までもが、政府の調達基準の「抜け穴」を見つけて、制度の利用を回避する傾向がみられたために、制度の普及がほかの国々に比較しても遅れたことは否めない。

CC評価認証制度が運用されて約20年を経て、結果としては次のことが起きた。

・CC第一部が掲げた情報セキュリティ保証の作法、つまりこの「やり方」は、世界の第三者評価認証の祖型となり、民間認証も含めて、ほとんどの後続する基準もこの「やり方」をベースとして、それをより「使いやすく」「分かりやすく」「コストと時間を節減する」方向で改良したものとなったこと

・各国政府の情報製品調達においては、広くこの基準が用いられるようになったこと（我が国においても、制度を主管する経済産業省や、政府調達基準をつかさどる内閣府のサイバーセキュリティセンターの努力のかいあって、近頃では、ある程度各省庁の調達にこの基準による認証が用いられるようになってきた）

・民間市場においては、「このやり方」を祖型としながらも、より「使いやすく」「分かりやすく」「コストと時間

を節減する」方向で改良した基準や民間の評価認証制度が生まれ、利用されるようになったこと

次節以下では、このCC改良版ともいうべきいくつかの制度について述べていくことにしたい。

6.5　SESIP民間認証(Global Platform)

SESIP (Security Evaluation Standard for IoT Platforms) は、世界的に有名な金融カードブランドのVISAなどが主導する民間企業の連合体Global Platformが開発・保守する規格である。SESIPという規格に基づく評価認証制度は、CCに精通するオランダの専門家グループ等の2つの認証機関によって、CCをより利用しやすくするように改良され、民間企業に提供されている。SESIPのホームページを覗くと、その冒頭にまずもって「SESIPは、セキュリティ評価と認証のコスト、複雑さ、労力を削減する方法論である」ことがうたわれており、この制度がCCの何を改良しようとしてできたものであるのかが、一見して分かる。

CCが情報システム・製品の何にでも通用する一方で、情報セキュリティに関する「文法と辞書の提供」にとどまり、評価対象の選択と定義、セキュリティ要求仕様と設計仕様の構築までをすべて使用者に委ねているのに対し、SESIPの特徴は、対象とするIoT製品の分野とユースケースをある程度限定したうえで、あるべきセキュリティ対策のモデル(SESIPによるセキュリティ要求)を提供していることにある。さらにこれらの対策を、(CCのような記号によるインデックス付きの準形式言語ではなく)自然言語で書き下し、

利用する者が一目でなにをすべきかが分かるように工夫している。

さらに評価認証の時間とコストを節約するために、保証レベルの低い段階では、開発者の自己宣言や、第三者による書類審査だけでも評価を完結できるような枠組みを設け、中レベル以上の評価認証においても（CCが論理的な厳密さを尊び、徹底して「抜け漏れを防ぐ」ことを追求しているのに比較すると）、きわめて合理的で、重複や余剰を避ける工夫がなされている。

これらの工夫は、一見するとCCの基準を緩めているように見えるが、専門家による相当に深い技術的な検討がなされているので、利用者は製品のセキュリティを損なうことなく、SESIP基準を使いこなすことができる。SESIP自身は、民間企業の連合体であるGlobal Platformから委ねられて評価認証制度を運用する形式をとっているが、政府調達や、より高度にセキュリティを求められる製品の評価認証については、CCにその立場を譲っており、いわば「山の頂上にCC、山の裾野にSESIP」といったすみ分けがなされている（詳しくはGlobal Platformのサイトを参照）。

6.6　Arm PSA

Arm PSAによる認証制度は、半導体設計会社Arm社（日本のソフトバンクグループの傘下にある英国法人。スマートフォンのCPUのIPについては、2024年現在で、世界の95%のシェアを持っている）が提唱する、IoT向けデバイスのセキュリティ評価認証の仕組みである。

Arm社は、IoTデバイスの中核部となるCPU（組込製品向けのCPUであって、コンピュータ向けのCPUとは区別される）とその周辺のセキュリティメカニズムなどを設計IP（知財）としてユーザーに提供していて、ユーザー（IoT製品の開発者）は、いわばArm社の半製品を購入して自らIoT製品開発を行うビジネスモデルとなっている。

　Arm PSAは、Arm社の顧客向けにIoT製品のセキュリティ設計のガイドライン（セキュリティ要求仕様と言ってもよい）を示すと同時に、そのIoT製品がガイドラインに準拠して設計されていることを保証するための制度として運用されている。PSAは、建前上はArm製品の利用者以外が開発するIoT製品をも対象とすることができるとしているが、上記のガイドラインがArmのIPの設計思想を色濃く反映しているので、実際にはArm顧客以外のIoTデバイスの開発者がこれを利用するのはかなり困難である。

　Arm PSAの対象は、IoTデバイスである。ここでいうIoTデバイスは、通常いう「組込製品」よりやや範囲が狭く、IoTネットワーク化で使われる「組込製品」を制御する中枢の半導体で、アプリケーションソフトとセキュリティ機能を搭載するものがそのイメージである。

　IoTデバイスの開発者は（ほとんどの場合Armの設計IPを購入し）ハードウエア側が提供するセキュリティ機能を利用しながらソフトウエア開発も行い、デバイスとして完成する（そのデバイスが、組込製品の中枢として、ほかの部品を制御する）。

　Arm PSAの特徴は、デバイス内部の処理空間を「セキュア処理空間」と「非セキュア処理空間」に分けて、それぞれ

が相互にやり取りすることを通じて、デバイス全体としてのセキュリティを保とうとしている点にある。さらに、「セキュア処理空間」の内部に「信頼の基点＝Root of trust」となるメカニズムの実装を要求し、そのメカニズムの要件を詳しく定めている。

　Arm PSAは、また、評価認証に至る開発の全過程の手順、準備すべき開発文書等のモデルを詳しく定め、それを提供している。これは開発者のために、評価認証における（自然言語で書かれた）エビデンスの祖型を、事前に準備してあげていることを意味し、CCなどに比較すれば格段に親切な制度であるといえる。ただし、これを利用するには、まず、開発者がArm社の設計IPを購入し、その設計思想を受け入れるのでなければ、上記の「親切さ」は利用できないことを明記しておく必要がある。

6.7　CMVPあるいはISO/IEC19790

　CMVPは、米国政府の標準をつかさどる機関NISTが運用する、暗号を実装したモジュール（Cryptographic Module）が、「暗号を正しく実装しているか」を試験し、認証するための認証プログラム（Validation Program）である。

　CMVPの対象である暗号モジュールは、暗号を実装した情報製品やその部品である半導体製品のうち、暗号演算処理にかかわりのある範囲のソフトウエアおよびハードウエア（この範囲を「暗号境界」〈Cryptographic boundary〉と呼称している）である。この暗号境界内の暗号モジュール部分に対する米国政府の要求仕様がFIPS140（2024年現在では

FIPS140-3)であり、CMVP制度は、対象の暗号モジュールがFIPS140-3の要求にかなっているかを、第三者試験（評価のことをこの制度では試験と呼んでいる）機関が審査し、その結果をNISTが認証する仕組みとなっている。

　CMVPの特徴は、暗号モジュールに対するセキュリティ要求であるFIPS140-3がかなりの程度実装仕様寄りに詳細化されており、情報セキュリティ上の要求という範囲を超えて、「調達者である米国政府が望む仕様」が示されていることである。従って、CMVPにかなう仕様は、情報セキュリティ上の安全性を保証されているとはいえるが、ほかの実装仕様では情報セキュリティが保証されるかどうかは、「分からない」といえる。この制度は調達者である米国政府が求める実装仕様を、米国政府の機関が運用する試験認証制度によって認証するものであるから、正確には第三者評価認証制度ではなく「第二者」試験認証制度であると、この稿の筆者は思っている。

　CMVP試験のもう一つの重要な要素は、CAVP（Cryptographic Algorithm Validation Program）という暗号アルゴリズム試験認証の制度をその一部に含むことである。すなわち、FIPS140ではNISTがあらかじめ承認し、メニューを公開している暗号アルゴリズムのリストの中からいずれかを実装することが求められ、CMVP試験の過程で開発者が選択した暗号アルゴリズムが正しく機能するかの試験が求められるのである。

　この暗号アルゴリズム試験は、独立した認証としても機能しており、前後1週間程度の試験で結果がもたらされるので、米国政府の調達を求めない開発者の場合、この独立した

CAVP認証のみを取得する場合もある。いずれにしても、このCAVPは暗号に特化したCMVP評価認証の過程で不可欠のものである。例えば、暗号アルゴリズムの強度に関する評価を慎重に避けているCCと比較してその姿勢がかなり違うことが分かる。

我が国はCMVP制度と連携して、ほとんど内容的に同等のJCMVP制度を導入し、CMVPとの間に相互承認のプロセスも設けた。が、国内の開発者がJCMVP制度を利用せず、CMVPの認証を求め続けたため、JCMVP制度は現在申請受付を停止している。

CMVPはこのように元来米国政府調達のための基準FIPS140に基づく試験認証制度であったが、世界市場での開発者の暗号モジュール認証需要の高まりを背景に、FIPS140は国際標準化されISO19790として採択された。しかし現在のところ、暗号モジュールの試験認証制度を運用している国は米国だけであり、昨今ではCMVP試験を完了し（合格した）NISTによる認証の事務手続きを待っている暗号モジュール製品が滞貨し、「認証の遅れ」問題を引き起こしている。

6.8 ISA/IEC62443 ほか

このほかに、最近世界的に活用されている国際規格に、ISA/IEC 62443(Automation and Control Systems Cybersecurity Standards)という工場自動制御システムに携わる広範な関係者それぞれが、その役割ごとに守るべき情報セキュリティ要求をまとめた複数の規格群があり、その内容は人的管理から技術事項にわたっている。

この規格群は、かなり広く活用されている一方で、残念ながら情報製品のセキュリティに直接かかわる情報セキュリティ保証制度を伴っていない。一方でこの規格群の利用者が、この規格群の中の技術的な要求を満たしていることをほかの関係者に説明しようとする場合、これまで掲げてきた情報製品の第三者評価認証制度のいずれかによって認証を取得していることが、エビデンスの一部となることは考えられる。

[第7章]

結びに代えて

7.1 これまでの要約

 本書の終章を迎えるにあたり、まずこれまで述べてきた各章を要約し、それらがどのようにつながっているのかを振り返ってみたい。

 第1章では、これまでの15年間くらいの間に情報セキュリティが脅かされてきた実例を挙げて、それらが本書の読者にとってもけっしてひとごとではなく、情報社会に生きるすべての人々にとっていかに身近なものであるかを述べてきた。

 第2章では、人ではなくモノのインターネットであるIoT（Internet of Things）の時代の到来につれて、いわゆるコンピュータではなく、小サイズの組込機器もインターネットにつながるようになり、そのような組込機器が直接インターネット空間の脅威にさらされるようになったこと。その組込機器を守るためには、組込機器の中枢で機器を制御する半導体デバイスのセキュリティ（ハードウエアセキュリティ）に着目しなければならないことを述べた。さらに、ハードウエアセキュリティのキーワードは、半導体チップへの暗号実装であることも述べた。

 第3章では、前章を受けて暗号のハードウエア実装の実際とその課題について述べた。また、その課題へのソリューションとして、国の巨大研究プロジェクトSIPの第1期、第2期通算約7年を通じて、筆者を含むハードウエアセキュリティの研究チームが開発した、信頼の基点（Root of trust）となるセキュア暗号ユニット（Secure Cryptographic Unit=SCU）について詳しく紹介した。

第4章では、暗号処理機能を具備した半導体チップ自体「を」、外部の攻撃から守る方法について述べた。第一のテーマとして、とくにICカード分野で長年研究され標準化されてきた、ハードウエアデバイス（半導体チップ）への攻撃類型のあらましを紹介、それへの防御技術についても述べた。第二のテーマとして、最近注目されるようになった、ハードウエアデバイス（半導体チップ）への不正回路の混入、いわゆるハードウエアの「トロイの木馬」（Hardware Trojan）について、「半導体設計」「半導体製造」「アプリケーション印加」「組込機器への実装」というライフサイクルの4つのフェーズのそれぞれでの「トロイの木馬」混入の可能性について解説し、それらへ対抗するために現在進んでいる、総合的な国策研究「経済安全保障重要技術育成プログラム／ハイブリッドクラウド利用基盤技術の開発／半導体・電子機器等のハードウエアにおける 不正機能排除のための検証基盤の確立」（略称Kプロ/ハードウエアの不正機能排除研究）について、その研究開発構想に沿って詳説した。

　第5章では、本書執筆中の2024年9月17〜18日にレバノンで発生した、イスラム組織ヒズボラに対するポケットベルおよびトランシーバーを用いた攻撃を取り上げ、Kプロ/ハードウエアの不正機能排除研究の構想時には、視野に入っていなかった、いくつかの課題を挙げるとともに、ヒズボラ事案のような攻撃に対抗するために、Kプロ/ハードウエアの不正機能排除研究の成果をどのように活用し得るかについても考察した。さらに、Kプロ/ハードウエアの不正機能排除研究が開発した技術を運用し、それを社会の安全に寄与させるためには、従来の制度を超えた異次元の新しいセキュリティ

保証制度の構築が不可欠であることも述べた。最後に、ヒズボラ事案が主に組込機器レベルの「ハードウエア・トロージャン」攻撃であったのに対して、国家的な攻撃主体が、相手国の社会インフラへの攻撃を行う場合には、半導体設計・製造レベルでの「ハードウエア・トロージャン」にも着目しなければならないことも述べた。

第6章では、上記を受けて、セキュリティ保証制度とは何かについて概説し、次いで、現在情報製品の市場で行われている情報セキュリティの保証制度の祖型であるISO/IEC15408（Common Criteria）第三者評価認証制度の構成と評価の手順、運用について述べた。さらに、その「子孫」にあたる民間認証制度SESIPとArm PSAの技術と運用や、米国政府主導で暗号モジュールの実装に着目したISO/IEC19790（CMVP）の試験認証制度等についても紹介した。

以上を振り返ったうえで、本書の結論としてこの稿の筆者が特に訴えたいことについて、以下に述べる。

7.2 研究成果の社会実装

まず、「研究成果の社会実装」という聞き慣れない言葉について、少し解説する。「社会実装」とは、いわゆる役人言葉であり、一般で言えば研究成果の「社会への普及」「実用化」「商用化」を指す言葉である。

これまで本書で述べてきた、「SIP第1期、第2期」「Kプログラム」などの国策研究はいずれも、さまざまな社会的に重要なテーマに、数年度にわたって各数百億円の国家予算をかけて行われている。国民の税金を管理する財務省などの立

場からすれば、国策研究の成果が何らかの形で社会に普及することを期待するのが、当然である。さらに言えば、政府の中でも縦割りの仕分けがあり、文部科学省系の（CREST-国立研究開発法人 科学技術振興機構など）予算を使う国策研究においては、いわゆる基礎分野の研究（「研究のための研究」と言ってもよい）が認められるのに対して、経済産業省系の（NEDO-国立研究開発法人 新エネルギー・産業技術総合開発機構など）予算を使う国策研究は、いわゆる応用分野の研究（「社会実装を求める研究」すなわち研究の出口で必ず具体的な成果を社会に普及させるための研究）と位置づけられているのである。さらに一部の政府筋では、その「研究成果の社会への普及」は、広い意味での「技術の実用化」にとどまらず、どこかの企業がかならず「商品化」することを求める傾向もある。

　そのような事情の中で、私たちは、「SIP第1期、第2期」「Kプログラム」におけるハードウエアセキュリティ分野の研究チームに属する各大学や研究機関が、研究成果である知的財産を個別の機関内に留保するのではなく、一度契約によって、すべて筆者の所属していた電子商取引安全技術研究組合に集め、同組合が共同研究の成果を実施して商用化を図り、研究成果が利益を上げたら、あらためてそれを一定のルールで各研究機関に還元するという、新しいビジネスモデルを開発した。その結果、電子商取引安全技術研究組合は、技術研究組合法という法律にのっとって2022年8月事業法人化を図り、株式会社SCUとして再発足することになった。「SIP第1期、第2期」の成果について（株）SCUは、商品（IP）としてのセキュア暗号ユニット（SCU）を用いて、

- IPを第三者にライセンス販売して、その第三者がライセンスを用いて、半導体チップなどを製造し、組込製品の製造会社に再販売する
- (株)SCUが、商品（IP）としてのセキュア暗号ユニット（SCU）を用いて半導体チップなどを製造し、組込製品の製造会社に販売する
- (株)SCUが、上記の半導体チップなどを実装した組込製品（第3章3.5節で述べた「セキュリティアダプター」など）をパートナー会社と共同開発し市場に販売する

という3つのビジネスモデルに基づいて、「商用化」にチャレンジしている。

このうち最初のIPライセンスの販売モデルについては、まもなく2025年度に「商用化」の成果が上がる見込みである。

一方2023年度から発足した「Kプロ/ハードウエアの不正機能排除」は、研究項目が9分野と多岐にわたっているので、見込まれる研究成果に応じて、あり得る「社会実装」の姿も多様である。研究開発はまだ途上にあり、今後研究の進捗につれて、よい意味であり得る研究成果の姿も変貌していくことが予想されるが（それが本書刊行目的の一つでもあるので）、研究開始段階での筆者の予想ないし想定として、期待される「社会実装」の姿を以下に略記してみたい（この稿の筆者が、責任者として研究開発をリードしている研究項目や第5章で特に言及した項目については「解説」を付した）。

研究項目〔1-1〕 半導体設計IP検証

見込まれる研究開発成果
a) 第三者設計IPの形式検証技術
b) 標準的な形式表現
C) 形式検証ツール

社会実装の道筋
a) 論文等の形で技術的な知見を公開し市場に提供する。半導体設計者は、この知見を第三者設計IP調達の際の調達仕様に活用する。
b) なんらかの標準化活動を通じて形式表現を標準化する。半導体設計者は、形式表現を第三者設計IP調達の際の調達仕様に活用する。
c) 形式検証ツールをRAND-IP（*1）として半導体設計者に提供する（時機により有償の場合がある）。半導体設計者は、このIPをBackground IPとして自社用の形式検証ツールのカスタマイズを行い、自社内で活用する。

備考
（*1）RAND：Reasonable and Non-Discriminatoryの略。RANDとは、妥当かつ非差別的に実施する方針をいう。特許権のライセンスにおいては、誰にでも平等にライセンスすることを指す。

解説

　この研究の要点は、第三者が半導体設計者に提供する設計IPのうち、どの程度複雑なものまでを、形式検証化できるか、という点にある。もし、市場に流通する暗号のIP（AESやECCなど）やその部品（RNGなど）について、半導体設計者側に「設計仕様を形式化したもの」を提供することができれば、これを第三者側が納入する暗号の設計IP（RTLという一種のコード情報）と比較することによって、「仕様にない」回路が混入していないかを検証することができ、かなりの程度の社会貢献となるし、ビジネスともなり得る。なぜならば、暗号のIPはセキュリティ機能を求める半導体設計者が外部の第三者のIPを購入する可能性がかなり高いアイテムだからである。

研究項目〔1-2〕 チップ設計検証

見込まれる研究開発成果
a) デジタル分野での半導体設計検証技術
b) アナログ分野での半導体設計検証技術

社会実装の道筋

　この研究項目の研究開発成果として得られた知見は、原則として論文等の形で公開し、市場に提供する。半導体設計者は、この知見の提供を受けて、自社内で半導体設計の検証に活用する。

　研究開発の過程でなんらかの知財が発生した場合は、これをRAND-IPとして参加機関から半導体設計者に個別に提供

することがある。

研究項目〔1-3〕 最先端攻撃・攻撃対抗技術

見込まれる研究開発成果
a) 最先端攻撃技術
b) 最先端攻撃対抗技術

社会実装の道筋

a) については、論文等による研究開発成果の公開を原則とする。が、知見の内容が実際の攻撃者の利益に資する可能性がある等微妙なものである場合には、公的認証機関、認定された第三者評価機関、NDAを締結した業界内の半導体設計企業グループ等に対象を限って情報を開示する場合がある。

b) については、a) の研究から派生するものであるが、個別の半導体設計企業にとって有用である場合がある。この場合研究開発成果の一部は公開するものの、詳細にわたる部分はIP（特許権、著作権等）として研究参加機関から半導体設計企業に有償または無償で提供される。

研究項目〔1-4〕 セキュリティ仕様への適合性検証

見込まれる研究開発成果
a) 組込機器用ローリソースチップセキュリティ要求仕様
b) 車載イメージセンサー用チップセキュリティ要求仕様

社会実装の道筋

上記a), b) は、この研究開発期間中にいずれもしかるべ

き第三者認証を取得することを想定している。認証を取得したセキュリティ要求仕様は、当然に公開される。

チップユーザーは、自身の調達仕様としてこのセキュリティ要求仕様を活用する。チップ製造者（チップベンダー）は、認証されたセキュリティ要求仕様に基づいて製品設計がなされていることを宣言し、さらに、なんらかのセキュリティ保証制度の下で、製品のセキュリティが適切で正確かどうかを確認するための評価が実施され、その評価結果の認証を取得して製品のマーケティングにつなげる。

研究項目〔2-1〕 半導体設計データ管理

見込まれる研究開発成果
a) マスク製造工程における改竄を排除する管理手法
b) ウエハ製造工程における改竄を排除する管理手法

社会実装の道筋
　本項目の研究開発成果は、いずれも論文等によって公開されることを想定している。

　半導体チップの調達者（ユーザー）ないし設計者が、チップ製造者に対して、製造工程が適切に管理されていることの保証を求めるために活用される。

　すなわちチップ製造者は（第三者による製造工程検査によらないまでも）自社の製造工程管理の手法について顧客の求めに応じて説明する責任を負う。本項目の研究開発成果は、この説明に際して参考として活用される。

解説

　この研究開発の分野では、半導体製造市場に、圧倒的に強力な世界レベルの企業が存在しており、ユーザー（顧客）側が製造企業に標準規格を押しつけることが困難であるという事情がある。一方でその半導体製造企業側がイニシアティブをもって策定した標準規格もあるので、それらを基盤にして製造側と調達側で、とるべきセキュリティアクションを合意していく「ゆるやかなセキュリティ保証」が「技術の社会普及」につながると考えられる。その意味で、本項目の研究開発成果を「望まれる管理手法の例」として、上記の「合意の場」に提供していくことも意味があると考えられる。

研究項目〔2-2〕　半導体解析による検証

見込まれる研究開発成果

a) 半導体のディレイヤリング（パッケージ開封、研磨等）と高分解能観測により設計データを抽出する解析技術
b) 取得した設計データと、元の設計データとの突合により不正機能の有無を判定する方法

社会実装の道筋

　この項目の研究開発成果は、個別の半導体設計企業にとって有用である場合がある。この場合研究参加機関は、研究開発成果の一部を論文等により情報公開するものの、詳細にわたる部分はIP（特許権、著作権等）として留保し、半導体設計企業等に有償または無償で提供する。

研究項目〔3-1〕 ソフトウエア組込段階での
セキュリティ要求仕様と検証技術

見込まれる研究開発成果

a) 半導体チップのメモリ領域に、ファームウエア、アプリケーションソフトウエア等をセキュアに印加（ダウンロード）するためのセキュリティ要求仕様

b) 上記a）に基づく製品評価手法（テスト仕様等）

社会実装の道筋

　上記a), b）は、この研究開発の期間中になんらかの標準化すなわち市場における関係者のコンセンサス形成を行うことを想定している。標準化されたセキュリティ要求仕様および製品評価手法は、当然に公開される。

　電子機器等のユーザーは、自身の調達仕様としてこのセキュリティ要求仕様を活用する。開発者（ソフトウエアベンダー、チップベンダー等）は、標準化されたセキュリティ要求仕様に基づいて製品設計がなされていることを宣言し、さらに、なんらかのセキュリティ保証制度の下で、製品のセキュリティが適切で正確かどうかを確認するための（上記b)を活用した）評価が実施され、その評価結果の認証を取得して製品のマーケティングにつなげる。

解説

　第5章で述べたヒズボラ事案で言えば、ソフトウエアを半導体チップに印加していく過程では、「それが正しい提供者のものか」を検証する技術だけではなく、「印加されるソフ

トウエア自体が正しいものか」も検証することが問われる。

さらにこの場合の「正しい」とは、「ソフトウエアを印加する権限を持つ正当な提供者」という意味と「組込機器を攻撃するという悪意を持たない正しい者」という意味の2つがある。が、一方でソフトウエア自体が「悪意ある回路を実装していないこと」を検証するためには、あらかじめ形式的に設計仕様とソフトウエアコードの全部を検証するか、ソフトウエア提供企業側の「人」に「悪意がない」ことを検証するかしか方法はないように思われる。この検証には、技術的な検証方法ではなく、「人」に「悪意がない」ことを検証する標準規格、例えばISMS監査のような規格を準用するのも当面の解決法ではないかとも思われる。

研究項目〔4-1〕 不正部品混入検知

見込まれる研究開発成果
不正部品混入検知システム（モデル）

社会実装の道筋
　不正部品混入検知システムが正しく機能することのセキュリティ保証体制が構築されることを前提に、参加研究機関が、研究開発成果のIPを第三者に提供（提供を受けた者が上記モデルをカスタマイズして製品化）、または研究開発成果を実装した製品を自社開発し販売等の形で事業化する。

解説
　この研究項目が、この全体9項目の中でも、最も「商用

化」「ビジネス化」の可能性を秘めていると考えられる。すなわち組込製品への悪意ある回路の混入（製品の改竄）は、今後の社会を考えるときに、対処しなければならない重要な脅威となるからである。この研究開発の基礎技術はすでに先行研究（SIP第2期）において成果を見ているが、この基礎技術を応用、運用して「商用化」していくためのハードルはかなり高い。とくに問題となるのは、いわゆるゴールデンデータ（不正回路が混入していない段階での当該機器の電位を示す元データ）と改竄（不正回路の混入）後の電位差があまりに微細であると、組込機器のちょっとした温度変化や部品の故障等によるデータのブレとの差が判定しにくいという問題や、組込機器製品出荷前にゴールデンデータを取得するとしても、そのデータ自体に個体差があり、個体出荷ごとにデータ取得が求められる等の解決すべき課題がなお多く、本研究が完了した時点で即時「不正部品混入検知システム」を商用化、ビジネス化できるかはいまだ不透明である。

研究項目〔4-2〕 個体 ID 管理

見込まれる研究開発成果
a) 人工物メトリクスを用いた個体ID付与・活用技術
b) 半導体チップへの一括個体ID付与技術
c) IDに対応する個体の属性を照会・検証するシステム

社会実装の道筋
　半導体または電子機器の個体ID管理体制が構築されることを前提に、参加機関が、研究開発成果のIPの第三者への

提供、または研究開発成果を実装した製品の開発・販売等の形で事業化する。

7.3 セキュリティ保証体制の構築と展開

私たちのKプロ/ハードウエアの不正機能排除研究は、半導体-組込機器のライフサイクルの上流から下流へのすべての分野で、不正な部品（いわゆるハードウエア・トロージャン＝HTと略称）が混入していないかを検証しようとする技術開発なので、在来のセキュリティ保証制度では扱いきれない研究分野なども含まれている。そこで、各研究項目が開発する技術が、具体的にどのような「検証」の制度の下で利用され得るかを考察していこうと思う。当然ながら、この考察においては、なるべく既存の運用されているセキュリティ保証制度、とりわけISO/IEC15408およびそれを祖型とする各種の第三者評価認証制度を活かし、新しい制度の運用は極力最低限に抑えるという方針で臨むものとする。

研究項目〔1-1〕 半導体設計IP検証

検証体制　半導体設計社が、研究プロジェクトで開発した技術を用いて自ら社内で検証する。

備考

市場に広く流通している第三者IPについては、機能仕様のモデル化サービスをビジネスとして展開することも想定される。

検証の主体　半導体設計社
検証の対象　第三者IP
検証を求めるユーザー　半導体設計社
検証制度　半導体設計者が自ら形式検証を行い、その結果に納得すればよいのでセキュリティ保証制度はとくに必要ない。

研究項目〔1-2〕　チップ設計検証

検証体制　半導体設計社が、研究プロジェクトで開発した技術を用いて自ら社内で検証する。

備考
　独立した企業が行う検証サービスが開発者へのコンサルティングサービスとなる場合もある。またその一部が、既存の第三者評価認証で用いられる場合もある。

検証の主体　半導体設計社
検証の対象　半導体チップ全体の設計RTL
検証を求めるユーザー　半導体チップの調達者
　　　　　　　　　　　（組込製品製造社）
検証制度　半導体設計者が自ら検証を行い、その結果に納得すればよいので、基本的には新たなセキュリティ保証制度はとくに必要ない。

研究項目〔1-3〕 最先端攻撃・攻撃対抗技術

検証体制　研究プロジェクトは、第三者評価機関等に技術を提供し、提供先が開発者に対して、脆弱性分析サービスを行う。

備考
　このサービスが開発者へのコンサルティングサービスとなる場合もあるが、第三者評価認証の一部となる場合もある。

検証の主体　第三者評価機関等
検証の対象　半導体製品（チップ）
検証を求めるユーザー　半導体チップの調達者
　　　　　　　　　　　（組込製品製造社）
検証制度　最先端の攻撃に関する技術研究なので、主に既存のISO/IEC15408による第三者評価認証制度において用いられる。

研究項目〔1-4〕 セキュリティ仕様への適合性検証

検証体制　第三者評価認証体制下で、セキュリティ評価認証を行う
検証の主体　第三者評価機関等
検証の対象　半導体製品（チップ）
検証を求めるユーザー　半導体チップの調達者
　　　　　　　　　　　（組込製品製造社）

検証制度　ISO/IEC15408による第三者評価認証制度だけでなく、これを祖型とし発展した各種の既存民間認証制度（例えばSESIP）などでも、この研究項目の成果品であるセキュリティ要求仕様を用いることができる。

研究項目〔2-1〕　半導体設計データ管理

検証体制　研究プロジェクトは、解析サービス業者や第三者評価機関等に技術を提供し、提供先が開発者に対して、脆弱性分析サービスを行う。

備考

　ユーザー側（チップ設計社等）がベンダー側との協議の下に標準的な手順を合意し、ベンダー側がその手順を遵守していることを自己宣言する。

検証の主体　半導体製造社
検証の対象　半導体製造過程
検証を求めるユーザー　半導体設計社
検証制度　半導体設計者が、解析サービス業者や第三者評価機関等に委託して検証を行い、その結果に納得すればよいので基本的には、新たなセキュリティ保証制度はとくに必要ない。ただし「人の管理」に関するセキュリティ保証については、例えばISMSやISO/IES20000（ITSMS）などの既存の監査制度を活用することも考えられる。

研究項目〔2-2〕 半導体解析による検証

検証体制　研究プロジェクトは、解析サービス業者や第三者評価機関等に技術を提供し、提供先が開発者に対して、脆弱性分析サービスを行う。

備考

　このサービスが開発者へのコンサルティングサービスとなる場合もあるが、第三者評価認証の一部となる場合もある。

検証の主体　第三者評価機関解析サービス業者
検証の対象　半導体製品（チップ）
検証を求めるユーザー　半導体チップの調達者
　　　　　　　　　　　（組込製品製造社）
検証制度　1-3に準ずる。

研究項目〔3-1〕 ソフトウエア組込段階での
　　　　　　　　　セキュリティ要求仕様と検証技術

検証体制　第三者評価認証体制下で、セキュリティ評価認証を行う。
検証の主体　第三者評価機関
検証の対象　半導体製品（チップ）組込ソフトウエア
検証を求めるユーザー　組込製品製造社
検証制度　ISO/IEC15408による第三者評価認証制度だけでなく、これを祖型とし発展した各種の既存民間認

証制度（例えばSESIP）などでも、この研究項目の成果品であるセキュリティ要求仕様を用いることができる。

研究項目〔4-1〕 不正部品混入検知

検証体制　不正部品混入検知システム専用のセキュリティ評価を行う検証体制を構築する。

備考
　既存の第三者評価認証制度の利点と欠点を評価しつつ、新しい検証体制の検討を進める。

検証の主体　第三者評価機関
検証の対象　不正部品検知システム
検証を求めるユーザー　組込製品製造社
検証制度　特定の不正部品検知システムが有効であり、十分に機能することを保証する新しいセキュリティ保証制度の構築が不可欠である。

研究項目〔4-2〕 個体 ID 管理

検証体制　半導体または電子機器の個体ID管理体制が構築されることを前提に、ID管理システム専用のセキュリティ評価を行う検証体制を構築する。

備考

　既存の第三者評価認証制度の利点と欠点を評価しつつ、新しい検証体制の検討を進める。

検証の主体　第三者評価機関
検証の対象　ID管理システム
検証を求めるユーザー　半導体チップ製造社
　　　　　　　　　　　　（組込製品製造社）
検証制度　半導体または電子機器の個体ID管理体制が構築されることが前提となる。そのうえで、上記の管理体制の運用において、個体のIDが十全に（重複なく、改竄なく）管理されていることを検証する新たなセキュリティ保証制度の構築が不可欠である。

　このように見ていくと、新たなセキュリティ保証制度を構築する必要があるのは、研究項目4-1と4-2であることが分かる。この2つの分野では、Kプロ/ハードウエアの不正機能排除研究の終了までに、研究と並行して、実用のフィールドにおけるシステム運用のルールを検討するとともに、あらたなセキュリティ保証制度の導入を図るための検討を行っていく必要がある。

　なおここで、第6章執筆時には制度未発足で割愛した、我が国のIPAが間もなく運用を始めるセキュリティラベリング制度（JC-STAR）について、簡単に紹介しておくことにしたい。

　この制度は、ICカード用の半導体ほどのセキュリティ対策

を実装できないIoT製品を対象に、より簡易な方法でチェックリスト方式による開発者の自己宣言、適合性評価と呼称する第三者評価認証を行おうとするものである。

IPAが同じく運営するJISECによるISO/IEC15408（Common Criteria）による第三者評価認証を情報セキュリティの「山の頂点」であるとすれば、JC-STARは国内だけで運用される「山の裾野」をスコープとする制度の一つであるといえる。また、セキュリティ保証の作法については、本書の第6章で詳しく述べたものからそれほど逸脱していないが、制度文書等を読む者にできるだけCCを意識させないように配慮されているとのことなので、CCを祖型にしているとはいっても「CCの子」ではなく「姓の違うCCの孫」のようなものではないかと、この稿の筆者は思っている。

7.4　我が国の半導体政策について

本書末尾にあたる本節においては、「半導体立国日本」がどのように凋落（ちょうらく）していったのか、そしてこれからの我が国は、何をしなければならないかについて、産業政策的視点からの筆者の意見を述べたい。

我が国の半導体産業の凋落は、2つの文脈で語らなければならない。

その一つは、「ロジック」対「メモリ」の技術の違い、もう一つは「垂直統合型」か「水平分業型」か、という設計・製造のビジネスモデルの違いである。

第一の文脈についていえば、かつて隆盛を誇った日本の半導体産業が2010年代以降急カーブで次々と業績不調に陥っ

た理由の一つに、「ロジック」型半導体開発・製造のビジネス上のリスクをうまく克服できなかったことが挙げられる。「ロジック」型半導体とは、組込機器やコンピュータの制御などに使われる複雑な論理回路によって構成された、いわば「お利口な」半導体のことである。「ロジック」型半導体のビジネス上のリスクとは、顧客ごとの多様なニーズに対応するために多品種少量生産に陥りがちであることに尽きる。一方「メモリ」型半導体の場合には、多様な顧客に同一の技術でできた半導体を提供できるので、同一型式大量生産のメリットを追求することが比較的容易である。

日本の半導体産業は、その技術的優位性ゆえに、個々の顧客のニーズに対応するさまざまな「ロジック」型半導体を開発・製造してきたが、帳尻を見れば、この部門での利益は希少なものであった。俗に言われる「ロジックは儲からない」状態に陥ったのである。「ロジック」型半導体のビジネスリスクを回避する方法は、例えば自動車のような、同一型式の半導体を大量に購入できる大手の顧客を見つけてくるか、製品の標準化を図って、同一型式の半導体を多様な顧客に提供するか、あるいは超高性能で超高価に売れる半導体を開発するかであるが、日本の半導体産業はそれらに必ずしも成功しなかったことが、凋落の第一の要因である(ちなみにキオクシア社の例に見るとおり、日本の「メモリ」型半導体は、「ロジック」型に比較すればまだかなりの競争力を保つことができている)。

第二の文脈についていえば、20世紀末からのTSMC(Taiwan Semiconductor Manufacturing Company)社の躍進と、そのビジネスモデルについて語らないわけにはいかな

い。TSMC社のビジネスモデルは、ファウンダリ（半導体製造工場）とファブレス（製造工場を持たない半導体設計会社）の分離と役割分担を基軸としている。すなわちTSMCは世界中の半導体設計会社（ファブレス）から、半導体の製造を受注し、最も効率的な生産管理を行って、より安価な半導体を製造する。受託製造であるから、在庫のリスクは発注者側に帰するというモデルである。TSMCはこの方式（水平分業）で飛躍的に業績を伸ばし、現在では世界の60％を超えるシェアを誇っている。一方で我が国の半導体企業の多くは垂直統合方式（設計から製造までを一貫して自社で行う）をとっていたが、この方式は、自社内に技術的な蓄積を留保できるメリットがある一方で、半導体の開発リスクを一身に負わなければならず、また巨額に上る製造施設への開発投資も必要となるなどのデメリットがあり、結局は多くの日本の半導体企業が製造分野からは撤退することとなった。また、製造分野から撤退後、設計会社としてビジネス的に成り立った企業はさらに少なく、現在ではファブレスとしての日本の半導体産業の世界市場でのシェアは、わずかに1％にとどまっている。

このように、日本の半導体産業の業績が低迷し、多くの企業が経営危機に陥り、リストラクチャーを強いられていく過程で、製造工程の部分を切り出して海外に譲渡するケースも多く発生したし、設計部門自体を海外に譲渡してしまう例さえ発生した。また、かつては半導体開発の技術的優位を誇った企業からも、多くの貴重な人材が流出し、「半導体立国日本」は見る影もなく凋落してしまった。

ところで、本書が取り扱ってきたセキュリティの世界は、

日本の凋落 ー日本の半導体産業の現状
（国際的なシェアの低下）

日本の半導体産業は、1990年代以降、徐々にその地位が低下。

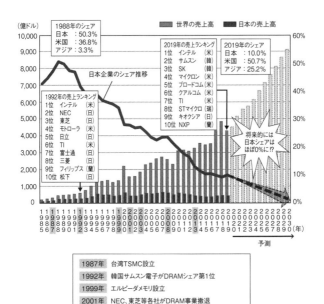

出典: Omdiaのデータを基に経済産業省が作成

本節で述べた「ロジック」「メモリ」/「半導体設計」「半導体製造」のどれにあたるのか。大胆に類別すれば、それは「ロジック」型半導体、「半導体設計」の世界である。

多品種少量生産ゆえに利益の薄い「ロジック」型半導体の世界で、さらにセキュリティを追求するためには、半導体内

部のセキュリティをつかさどる部分を標準化し、その標準化された回路を、設計IPの部品の一部として実装していくことが望まれる。本書がこれまでに述べてきた半導体チップをめぐるセキュリティのさまざまな課題を実現していくためには、我が国がかつてのように半導体設計の分野で世界をリードする技術を持って、世界の市場に立ち向かっていかなければならないのである。しかも、セキュリティに関する技術は、政治上の同盟国といえどもお互いに詳細な開示はしないのが市場の通例である。欧米と日本は、セキュリティについての標準を共有することはできても、その標準を実現する実装技術については、あくまで自国内に技術の蓄積を持ち、相互にライバルとして競争しあっている。その競争場裏で、我が国が地歩を獲得するためには、半導体設計の分野でのプレゼンスが不可欠である。そしてセキュリティ技術を国内に持たない国は、他国のセキュリティ技術を受け入れて利用することしかできない。ハードウエアのセキュリティ技術こそは、世界の半導体市場における競争力の源泉の一つなのである。その意味で、ハードウエアのセキュリティ技術は、我が国の経済安全保障上の重要な要素であるといっても過言ではない。

　ところが、我が国半導体の産業政策（出典：半導体・デジタル産業戦略　令和5年6月　経済産業省 商務情報政策局）を見ると、そこには「製造技術」に関する記載はあっても、「設計技術」という言葉はない。「ハードウエアセキュリティ」に至っては一言の言及もない。TSMCの工場を日本国内に誘致し、あるいはTSMCに対抗し得る超微細製造工程の半導体製造工場を国内に建設することには数兆円規模の国費

世界の国別半導体ICメーカーの市場シェア2021年

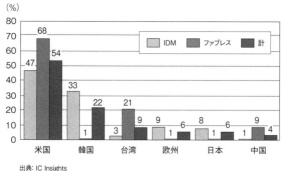

出典: IC Insights

を投じても、「ファブレス」の売上高のシェアが世界の1％でしかない現実を直視するならば、我が国半導体設計技術の回復を図り、いまだ国内にわずかに残るセキュリティ技術のシーズを、再度花開かせることこそが、現在喫緊の急務であることを訴えて、本書の結びに代えたい。

謝辞

　本書における成果の一部は、国立研究開発法人新エネルギー・産業技術総合開発機構（NEDO）の委託事業「戦略的イノベーション創造プログラム（SIP）／重要インフラ等におけるサイバーセキュリティの確保／（a4）IoT向けのセキュリティ確認技術（IoT向けのセキュリティ確認技術の研究開発）」（JPNP15011）において得られたものである。

　本書における成果の一部は、国立研究開発法人新エネルギー・産業技術総合開発機構（NEDO）の委託事業「戦略的イノベーション創造プログラム（SIP）第2期IoT社会に対応したサイバー・フィジカル・セキュリティ（A1）IoTサプライチェーンの信頼の創出技術基盤の研究開発事業」（JPNP18015）において得られたものである。

　本書における成果の一部は、国立研究開発法人新エネルギー・産業技術総合開発機構（NEDO）の委託事業「経済安全保障重要技術育成プログラム／半導体・電子機器等のハードウエアにおける不正機能排除のための検証基盤の確立」（JPNP23013）において得られたものである。

植村泰佳（うえむら やすよし）

1952年東京生まれ
1977年慶應義塾大学文学部哲学科卒。サッポロビール株式会社入社。営業企画、広告宣伝、広報、経営企画等の部門を経て、札幌工場第1製造所跡地再開発「サッポロファクトリー」事業に参画。我が国のもっとも初期のICカード実用化アプリケーションを開発。1994年サッポロビール株式会社退社。1996年ICカードシステム研究開発事業組合を設立、事務局長に就任。2000年電子商取引安全技術研究組合を設立。常務理事、専務理事、理事長として情報セキュリティ評価、ハードウエアセキュリティ分野等の多数の国家研究プロジェクトに参画。2022年技術研究組合法に基づき電子商取引安全技術研究組合を事業会社に転換。現在、株式会社SCU代表取締役社長、ICシステムセキュリティ協会代表理事。

本書についての
ご意見・ご感想
はコチラ

ハードウエアセキュリティ
IoT機器をサイバー攻撃から守る

2025年3月31日　第1刷発行

著　者	植村泰佳
発行人	久保田貴幸
発行元	株式会社 幻冬舎メディアコンサルティング 〒151-0051　東京都渋谷区千駄ヶ谷4-9-7 電話　03-5411-6440（編集）
発売元	株式会社 幻冬舎 〒151-0051　東京都渋谷区千駄ヶ谷4-9-7 電話　03-5411-6222（営業）
印刷・製本	中央精版印刷株式会社
装　丁	弓田和則

検印廃止
© YASUYOSHI UEMURA, GENTOSHA MEDIA CONSULTING 2025
Printed in Japan　ISBN 978-4-344-94842-6 C0234
幻冬舎メディアコンサルティングHP　https://www.gentosha-mc.com/

※落丁本、乱丁本は購入書店を明記のうえ、小社宛にお送りください。送料小社負担にてお取替えいたします。
※本書の一部あるいは全部を、著作者の承諾を得ずに無断で複写・複製することは禁じられています。
定価はカバーに表示してあります。